PREMIÈRES LEÇONS

SUR LES

SCIENCES PHYSIQUES

ET NATURELLES

Par A. BAROT

PROFESSEUR AU LYCÉE LOUIS-LE-GRAND, OFFICIER D'ACADÉMIE

COURS ÉLÉMENTAIRE
CONFORME AU PROGRAMME OFFICIEL

---

*Inscrit sur la liste des ouvrages fournis
par la Ville de Paris à ses Écoles communales.*

JE SÈME A TOUT VENT

PARIS
LIBRAIRIE LAROUSSE
17, rue Montparnasse, 17
SUCCURSALE : rue des Écoles, 58 (Sorbonne)

Premiers éléments d'Histoire naturelle, avec de nombreuses gravures dans le texte, par Clarisse SAUVESTRE, institutrice. Prix, cartonné. . . . . 75 c.

L'Histoire naturelle en action, illustrée de 115 gravures; par Fulbert DUMON-TEIL; 1 volume in-12 de 400 pages. Prix, cart. 1 50

Prix : 1 fr. 25

PREMIÈRES LEÇONS

SCIENCES PHYSIQUES

ET

NATURELLES

—

LAROUSSE

DICTIONNAIRE COMPLET
DE LA LANGUE FRANÇAISE

**1464 pages. 750 portraits. 35 tableaux encyclopédiques.
36 drapeaux en couleurs. 24 cartes. 2500 gravures.**

Le plus complet des dictionnaires manuels.

Prix : Cart., 3 fr. 50. — Rel. toile, 3 fr. 90. — Rel. 1/2 chag., 5 fr.

Le DICTIONNAIRE COMPLET comprend : 1° Une nomenclature très complète de la *langue française*, avec la prononciation figurée, les étymologies et les diverses acceptions des mots appuyées d'exemples; 2° Des développements encyclopédiques relatifs aux mots les plus importants des *sciences*, des *lettres* et des *arts;* des notions sur les principales *œuvres d'art* (peinture, sculpture, architecture et musique); 3° La *Géographie*, l'*Histoire*, la *Mythologie*, la *Biographie*, avec des *Résumés* historiques et géographiques, les *types* et *personnages* littéraires; 4° Les *Locutions latines et étrangères* citées par les écrivains ou usitées dans la conversation.

Les **Résumés** historiques, géographiques, etc., répandus à profusion dans l'ouvrage, *forment un mémento des plus précieux pour les Maîtres et pour les Candidats aux divers examens.*

Les **Portraits**, dont quelques-uns seulement sont apocryphes, mais consacrés par l'art et la tradition, appellent l'attention du lecteur sur les biographies et fixent ses souvenirs par l'association de l'image et du texte.

Les **Cartes**, qui seraient quelque peu noyées dans le vocabulaire de la langue, se groupent très heureusement près du texte à éclairer.

PREMIÈRES LEÇONS

SUR LES

SCIENCES PHYSIQUES

ET NATURELLES

Par A. BAROT

PROFESSEUR AU LYCÉE LOUIS-LE-GRAND, OFFICIER D'ACADÉMIE

COURS ÉLÉMENTAIRE

CONFORME AU PROGRAMME OFFICIEL

Inscrit sur la liste des ouvrages fournis
par la Ville de Paris à ses Écoles communales.

3ᵉ ÉDITION

PARIS

LIBRAIRIE LAROUSSE

17, rue Montparnasse, 17

SUCCURSALE : rue des Écoles, 58 (Sorbonne)

INTRODUCTION

—

Mes chers enfants, nous allons commencer une série de simples et courtes leçons, de causeries familières, qui éveilleront votre curiosité, exciteront votre intérêt, élèveront votre esprit, vous porteront enfin à réfléchir, à observer, à vous instruire.

Pour que vous reteniez bien ce que nous allons dire, je réclame toute votre attention; c'est tout ce que demande l'ami qui vous parle.

Dans ces entretiens intimes, nous toucherons à bien des sujets, nous répondrons à bien des questions, nous parlerons de bien des choses; c'est pourquoi nous pouvons appeler ces leçons : *Leçons de choses.*

Et d'abord, causons un peu de la *Terre*, qui est a la fois le point de départ et la base de nos leçons. Disons ce qu'est la Terre; nous apprendrons ensuite ce qu'elle renferme dans son sein, ce qui pousse et ce qui vit à sa surface.

SCIENCES PHYSIQUES ET NATURELLES

LA TERRE

La Terre est ronde

1. — Si nous plaçons sur une table un insecte marcheur, un hanneton, par exemple, qu'arrive-t-il, mes enfants? Le hanneton s'y promène gaillardement, comme si sa promenade ne devait pas avoir de fin. Mais, arrivé à l'extrémité de la table, il se trouve tout à coup obligé de rebrousser chemin. S'il continue, il fait la culbute et tombe, les six pattes en l'air.

— Mais vous, Émile, qui venez de sourire, vous est-il arrivé quelquefois d'être obligé de retourner sur vos pas, faute d'espace, quand vous alliez à la promenade?

Globe terrestre.

Émile. — Non, monsieur; jamais.

— En effet, vous ne pouvez rencontrer le bout de la Terre, et cela pour une excellente raison, c'est qu'il n'existe pas.

LUCIEN. — Ah ! oui, monsieur, la Terre n'a pas de bout. Elle est ronde comme une boule. Nous l'avons vu, en géographie.

— Précisément ; c'est une boule ou *sphère*, semblable à celle dont nous nous servons dans nos leçons de géographie et que nous nommons un *globe terrestre*. On peut donc toujours se promener à sa surface et dans toutes les directions sans être obligé de revenir sur ses pas. C'est ce que ferait le hanneton s'il se trouvait placé sur une boule.

Voyons maintenant ce que l'on distingue sur cette énorme boule que nous habitons.

Ce que l'on trouve à la surface de la Terre

2. — La Terre est ronde, nous le savons ; mais sa surface n'est pas aussi unie que le globe de la classe. Lorsqu'on voyage, on rencontre successivement :

D'immenses étendues de terrain plus ou moins plat : ce sont les *plaines* ;

De grandes masses de terre dépassant le niveau des plaines : ce sont des *montagnes* ;

Des parties basses entre deux montagnes : ce sont les *vallées*, au fond desquelles coulent des cours d'eau, *ruisseaux*, *rivières* ou *fleuves*.

Enfin, on trouve des *champs* de blé, de seigle, de maïs, de pommes de terre ; des *prés* où paissent des vaches, des moutons ; des *carrières* d'où l'on tire la pierre pour bâtir nos maisons.

En un mot, on rencontre des hommes, des animaux,

des plantes, des pierres et bien d'autres choses encore
que nous avons besoin de connaître.

Ce sont ces choses, mes enfants, que nous allons étudier par ordre.

La Terre et les Eaux.

Nous commencerons, si vous le voulez, par établir
une classification.

LUCIEN. — Une *classification*, monsieur, qu'est-ce que
cela peut être ?

— C'est le classement réfléchi, la distribution logique
et convenue des objets que l'on veut étudier. On obtient
ainsi un certain nombre de groupes, à chacun desquels
on donne un nom particulier.

Les trois Règnes de la Nature

3. — Si nous comparons une mouche, un bluet et
une pierre, nous voyons aisément que ces objets dif-

fèrent assez les uns des autres pour être placés chacun dans un groupe à part. Mais, ne nous appesantissons pas sur les différences évidentes qui les distinguent; Charles va nous dire par quel *terme général* on désigne séparément ces trois objets.

CHARLES. — La mouche est un *animal*, le bluet une *plante* ou *végétal*, et la pierre un *minéral*.

1. Animal.   2. Végétal.   3. Minéral.

— C'est cela même. Nous pouvons donc désigner par un terme général chacun des groupes représentés par la mouche, le bluet et la pierre, et comme chacun de ces groupes constitue ce que l'on appelle un *règne*, nous dirons qu'il y a **trois règnes dans la nature.**

Ainsi, tous les animaux constituent le **règne animal,** tous les végétaux le **règne végétal,** et tous les minéraux le **règne minéral.**

Nous allons, en commençant par les animaux, étudier successivement ces trois règnes. Nous nous occuperons d'abord de l'*homme*, qui, par l'élévation de son âme et la supériorité de son intelligence, occupe fièrement la première place parmi tous les êtres.

Questionnaire. — La Terre a-t-elle un bout? — Quelle est sa forme? — Que voit-on à la surface de la Terre? — Qu'est-ce qu'une classification? — En combien de règnes se divisent les choses de la nature? — Nommez-les.

PREMIÈRE PARTIE

LE RÈGNE ANIMAL

2ᵉ LEÇON

L'HOMME

4. — Comme l'a dit le grand naturaliste Buffon, tout marque dans **l'homme** sa supériorité sur les êtres vivants; il se tient droit et élevé comme pour commander, sa tête regarde le ciel et présente une face auguste sur laquelle est imprimé le caractère de sa dignité.

Son être se compose de deux parties : l'une, nommée *l'âme*, est invisible; c'est elle qui l'élève au-dessus de tous les animaux ; l'autre est matérielle et par conséquent visible; c'est le *corps*, avec son front majestueux et sa démarche fière et hardie.

L'homme règne sur les animaux. Il est maître d'eux par la lumière de la pensée, que seul il possède. Si, dans certains cas, il n'est pas le maître absolu de tous les animaux, c'est que les uns lui échappent par la rapidité de leur vol ou la légèreté de leur course, les autres par l'exiguïté de leur taille, l'obscurité de leur retraite et encore l'homme arrive-t-il à les réduire, grâce à son intelligence et à son énergie.

LE CORPS DE L'HOMME

5. — Le corps de l'homme se divise en **trois parties principales** : la *tête*, le *tronc* et les *membres*.
Les membres, ce sont les *bras* et les *jambes*.

La Tête

6. — Occupons-nous d'abord de la **tête**, la partie la plus noble et la plus élevée de notre corps, ainsi placée au sommet de notre être, dans une position souveraine, pour commander aux parties inférieures.

La tête consiste en une boîte osseuse nommée *crâne*, dans laquelle est logé le *cerveau*, siège de l'intelligence et de la volonté.

Le crâne.

Vous connaissez les différentes parties de la tête de l'homme : la bouche, le nez, les yeux, les oreilles, le menton, dont l'ensemble constitue la figure ou le *visage*.

C'est dans la **bouche** que nous introduisons nos aliments, c'est-à-dire ce qui se mange et ce qui se boit.

La bouche est meublée par les dents et par la langue. Les **dents**, au nombre de trente-deux chez l'homme adulte, servent à broyer les aliments, tels que le pain, la viande ; et la **langue**, agissant à la manière d'une pelle, pousse ces mêmes aliments au fond du gosier, d'où ils tombent dans une sorte de poche intérieure nommée *estomac*, où ils seront complètement transformés en une pâte presque liquide.

En outre, la langue est, avec la partie supérieure de la bouche appelée *palais*, l'organe par lequel nous connaissons la saveur des aliments. Enfin, la langue est l'organe de la parole.

Au-dessus de la bouche se trouve le **nez**, au moyen duquel nous pouvons sentir les odeurs, bonnes ou mauvaises.

La mâchoire et les dents : *i*, incisives ; *c*, canines ; *m*, molaires.

A droite et à gauche du nez sont placés les **yeux**. Les *paupières*, comme on sait, abritent et préservent les yeux, enchâssés dans une cavité appelée *orbite*.

Au-dessus des yeux se trouve une partie large et légèrement bombée : c'est le *front*.

Est-il besoin d'ajouter que la partie supérieure de la tête est recouverte par les *cheveux*, lesquels sont noirs, châtains, blonds ou roux ?

En avant de la tête, et tout en bas, se trouve la partie saillante appelée *menton*.

De chaque côté de la tête se dessinent les **oreilles**, au moyen desquelles nous percevons le bruit et les sons variés qui se produisent autour de nous; les *joues*, enfin, complètent le visage de l'homme.

— Paul, quel nom donnez-vous à la partie du corps qui, placée immédiatement au-dessous de la tête, la porte et la soutient?

PAUL. — C'est le *cou*.

— Parfaitement. Le cou relie la tête au tronc.

Le Tronc

7. — Le **tronc** est ce qu'on appelle ordinairement *le corps*. Il s'étend, pour ainsi dire, de la tête aux membres inférieurs, et se compose surtout d'une grande cage nommée **poitrine**.

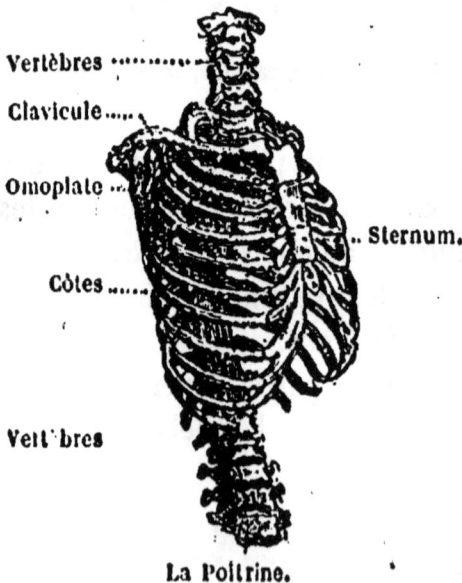

La poitrine est formée d'os différents de forme et occupant diverses positions.

Les os situés par derrière sont courts, empilés les uns sur les autres, et percés d'un trou par le milieu. Comme les trous de ces os se correspondent avec une grande précision, ils

Vertèbres

Clavicule

Omoplate

Sternum.

Côtes

Vert'bres

La Poitrine.

constituent, tout le long du tronc, une sorte de tube; dans ce tube est renfermée une substance qu'on appelle la *moelle épinière*, et qui n'est autre chose que le prolongement du cerveau. Chacun de ces petits os est une *vertèbre*, et leur ensemble prend le nom de **colonne vertébrale**, vulgairement *épine dorsale*, c'est-à-dire « épine du dos ».

Deux vertèbres.

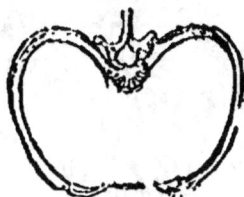

Côtes, de droite
et de gauche.

La Colonne vertébrale.
(33 vertèbres).

Le Cerveau et la
Moelle épinière.

Sur les côtés du tronc se trouvent des os allongés et courbés en arc qui, partant de la colonne vertébrale, viennent se rattacher en avant à un autre os aplati nommé *sternum*.

Ces os, longs, minces et courbés, ce sont les *côtes*, au nombre de douze de chaque côté.

Vous voyez, mes enfants, que la poitrine est fermée de toutes parts. Elle renferme : les *poumons*,

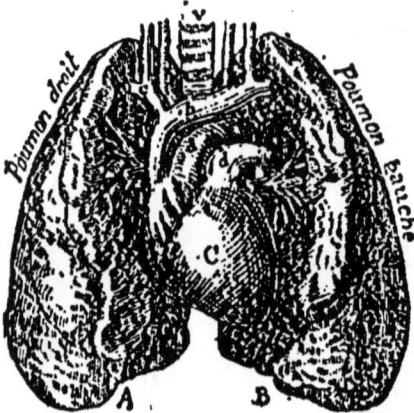

Les Poumons (A,B) et le Cœur (C).

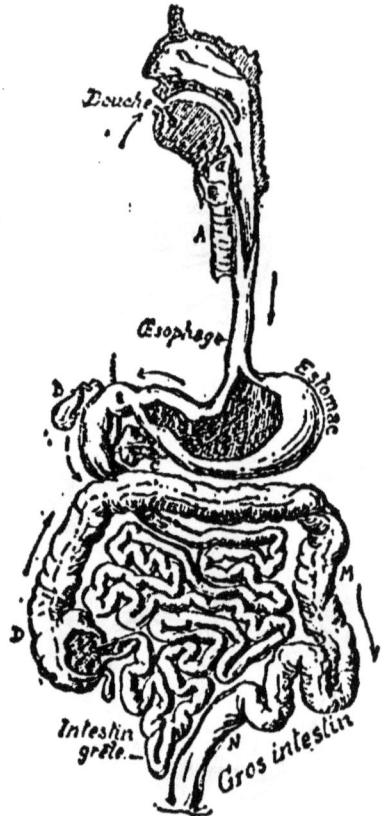

L'Œsophage, l'Estomac et les Intestins

organes de la respiration; le *cœur*, sorte de pompe aspirante et foulante qui envoie le sang dans toutes les parties du corps.

La partie du tronc située au-dessous de la poitrine est le **ventre**, où sont logés l'*estomac*, dans lequel les aliments subissent une transformation nécessaire à leur rôle de nutrition, puis l'*intestin*, long tube replié sur lui-même, faisant suite à l'estomac. Les intestins reposent sur de larges os qui forment ce qu'on appelle le *bassin*.

La poitrine et le ventre sont séparés l'un de l'autre par une peau fine, une membrane, nommée *diaphragme*.

Le Bassin.

Les Membres

8. — Nous connaissons la tête et le tronc de l'homme;

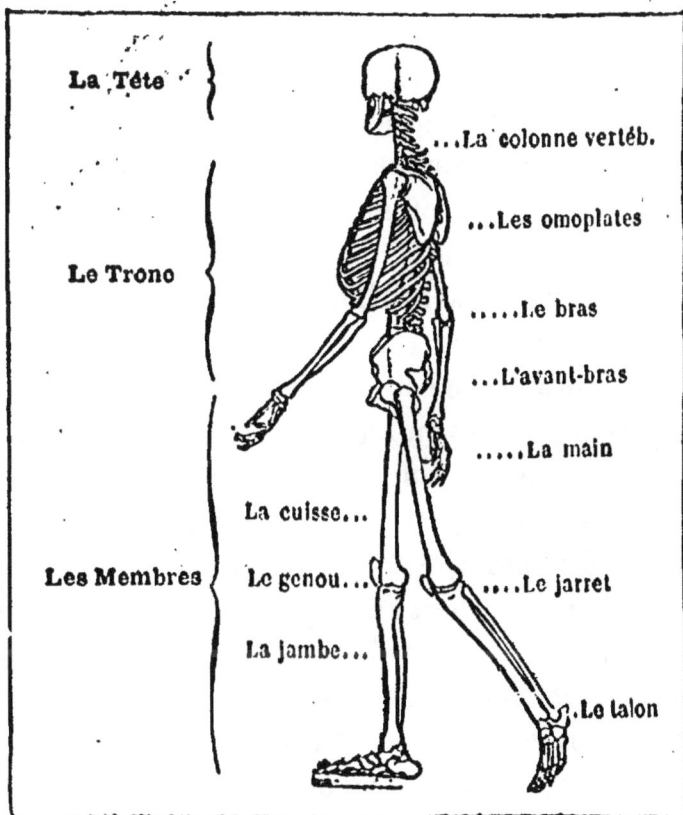

La Tête

La colonne vertéb.

Les omoplates

Le bras

L'avant-bras

La main

Le Tronc

La cuisse...

Le genou...

Les Membres

La jambe...

Le jarret

Le talon

Le Squelette de l'homme.

il ne nous reste plus à étudier que la troisième partie du corps, les **membres**.

Près du cou, à la partie supérieure du tronc et de chaque côté, se trouve l'*épaule*, formée de deux os : l'un, large et plat, qu'on nomme l'*omoplate;* l'autre, allongé et grêle, appelé la *clavicule*.

De l'épaule au coude s'étend le *bras*, formé d'un seul os; puis vient l'*avant-bras*, qui a deux os, le *radius* et le *cubitus;* nous avons ensuite le *poignet*, qui est continué par la *main* que terminent les *doigts*. Ceux-ci sont au nombre de cinq à chaque main, y compris le *pouce*, qui est *opposé aux quatre doigts* proprement dits. Cette heureuse disposition du pouce permet à l'homme de saisir les objets avec autant de vigueur que d'adresse.

Les doigts nous servent à *palper* les objets, pour savoir s'ils sont durs ou mous, froids ou chauds.

La main de l'homme est tellement parfaite que certains naturalistes attribuent une grande part de notre supériorité sur les autres animaux à la conformation admirable de cette main.

Passons à la base du tronc. Si vous portez la main sur le côté, à la hauteur de la ceinture, vous sentez, à droite comme à gauche, un os un peu saillant qui fait partie du bassin et forme la *hanche*. A la hanche s'attache la *cuisse*, dont l'os, appelé *fémur*, s'étend jusqu'au *genou*, en arrière duquel on remarque un pli nommé *jarret;* puis vient la *jambe*, composée de deux os, le *tibia* et le *péroné*, et continuée elle-même par le *pied*, qui porte en avant cinq doigts, appelés *orteils*. En arrière du pied se trouve une partie saillante qui est le *talon*. — Dans le pied, comme dans la main, l'extrémité des doigts est protégée par les *ongles*.

La Circulation et la Respiration

Le sang pur venant des poumons arrive au cœur, qui le lance dans toutes les parties du corps par des conduits appelés *artères;* puis il revient impur au cœur par d'autres conduits appelés *veines*, va aux poumons pour y être purifié, et revient au cœur pour recommencer le même trajet. Et comme le sang, parti du cœur, revient à son point de départ, on dit qu'il *circule;* de là l'expression : *circulation du sang.*

Les poumons ressemblent à deux éponges. L'air, qui pénètre par les narines et passe dans un conduit appelé *trachée-artère* et de là dans d'autres tuyaux nommés *bronches*, parvient aux poumons, où il rencontre le sang, que lui envoie le cœur. On dit alors que l'on a *respiré*, que la *respiration* s'est effectuée. Ainsi en contact avec l'air, le sang impur est redevenu propre à entretenir la vie.

Questionnaire. — Quel est l'être qui occupe la première place dans la création ? — Quelles sont les trois grandes divisions du corps de l'homme ? — Qu'est-ce que le crâne, et que renferme-t-il ? — Citez les principales parties de la tête. — Quel est le rôle des dents; de la langue ? — Que se passe-t-il dans l'estomac ? — Qu'entendez-vous par *aliments ?* — Parlez des membres. Qu'appelle-t-on *artère* et *veine ?* — Qu'appelle-t-on *circulation; — respiration ?*

3ᵉ LEÇON

Les Sens

9. — Maintenant que nous sommes renseignés sur la constitution du corps humain, disons quelques mots des **sens**.

A l'aide des organes de la tête, qui sont les yeux, les oreilles, le nez et la langue, nous *voyons* ce qui est autour de nous, nous *entendons* le bruit, nous *sentons* les odeurs, et nous *goûtons* la saveur des aliments.

— Antoine, pourriez-vous me dire combien nous possédons de sens?

ANTOINE. — Nous devons en avoir cinq.

— Parfaitement; veuillez me dire quels sont ces sens et quels sont les organes de chacun d'eux.

ANTOINE. — Ce sont ·

1° Le sens du **goût**, qui a pour organe la *langue* avec le *palais;*

2° Le sens de l'**odorat**, qui a pour siège le *nez;*

3° Le sens de la **vue**, dont les organes sont les *yeux;*

4° Le sens de l'**ouïe**, dont les organes sont les *oreilles;*

5° Et enfin le sens du **toucher**, qui peut s'exercer partout à la surface de notre corps, mais dont le siège est principalement à l'extrémité des doigts.

— C'est bien cela, mon petit ami.

Les Races humaines

10. — Pour compléter cette étude sommaire sur

l'homme, je poserai une question à Maurice : Est-ce que les hommes de tous les pays se ressemblent? sont-ils de la même race et de la même couleur?

MAURICE. — Non, monsieur; j'ai vu un Nègre qui était noir comme de l'encre et un Chinois qui était jaune comme un bilboquet.

— Bien. Vous avez donc vu un homme qui, au lieu d'être blanc comme nous, était noir; un autre homme qui était jaune; est-ce tout? Qu'en pense Gaston?

GASTON. — Au Jardin d'acclimatation de Paris,

Nègre.

j'ai vu des Peaux-Rouges; leur teint était rougeâtre.

— Fort bien, Gaston; je demanderai à Maurice quels étaient les traits du Nègre et du Chinois qu'il a vus.

MAURICE. — Le Nègre avait le nez large et aplati, des lèvres très grosses.

— Et le Chinois?

MAURICE. — Le Chinois n'avait presque pas de barbe; sa tête était large, son nez

Chinois.

long et plat, ses yeux obliques, autrement dits *bridés*.

— C'est exact. Et les Peaux-Rouges, Gaston, que savez-vous de leur tête?

GASTON. — Les Peaux-Rouges que j'ai vus avaient les yeux et les cheveux noirs, le nez fort et busqué, les pommettes des joues saillantes et le menton très proéminent.

— Émile sait-il quelle est la race blanche, et quels sont les traits de son visage?

ÉMILE. — Mais je crois que c'est nous-mêmes : notre teint est blanc et nous avons les traits du visage réguliers. J'ai entendu dire que, par l'intelligence, la race blanche est la première des races.

Peau-Rouge.

— C'est vrai... Ainsi, mes enfants, les hommes se divisent en quatre races : la *race blanche*, qui habite l'Europe, et à laquelle nous appartenons ; la *race noire*, qui vit en Afrique ; la *race jaune*, qu'on trouve en Asie, et la *race rouge*, qui se trouve en Amérique.

Questionnaire. — Combien avons-nous de sens ? — Quel est l'organe de chacun de ces sens ? — Combien y a-t-il de races humaines ? — Nommez-les. — A laquelle appartenons-nous ? — Comment les distinguez-vous ? — Quelles parties du monde habitent ces différentes races ?

LES ANIMAUX

11. — Pensez-vous, mes enfants, que tous les animaux aient le même mérite et la même valeur pour l'homme ? C'est Alfred qui va me répondre.

ALFRED. — Non, monsieur ; les uns sont *utiles*, comme le mouton, la chèvre, la vache et le bœuf, le cheval, la poule, les abeilles, etc. ; d'autres, tels que le loup, le renard, le rat, la guêpe, sont *nuisibles*.

— Très bien, Alfred. Les animaux se divisent donc en deux catégories : les **animaux utiles** et les **animaux nuisibles**.

Ne pouvons-nous pas encore établir une division d'un autre genre, selon que ces êtres vivent sous la domination de l'homme ou bien en liberté ?

ALBERT. — Oui, monsieur ; les animaux sont **domestiques** ou **sauvages**.

— C'est cela même, mon ami. Ceux qui vivent à l'état de domesticité sont nos serviteurs ; et à ce titre nous devons les soigner, les défendre, les traiter avec douceur et gratitude.

Parlons un peu de nos serviteurs.

ANIMAUX DOMESTIQUES
Le Mouton

12. — Vous n'êtes pas sans avoir déjà entendu dire : « doux comme un mouton » ; l'expression est fort juste, car le **mouton** est la bonté même, comme l'agneau est le symbole de la douceur.

Le Mouton.

ANDRÉ. — Qu'est-ce qu'un *agneau* ?

— Maurice vient de lever la main, c'est sans doute pour répondre à la question d'André ; parlez, Maurice.

MAURICE. — L'agneau est une bête charmante, c'est le petit du mouton et de la brebis ; en grandissant il devient mouton lui-même, ou brebis.

— Parfaitement, mon ami. Les moutons nous rendent d'immenses services ; leur chair est un aliment parfait et leur poil ou **laine** sert à fabriquer de chaudes étoffes pour nous vêtir.

ANTOINE. — J'ai vu tondre les moutons de la ferme l'an dernier ; c'était fort amusant.

— Eh bien, Antoine, pouvez-vous nous dire en quoi consiste la *tonte* des moutons ?

ANTOINE. — La *tonte* consiste à débarrasser les moutons de leur laine. Une personne couche l'animal par terre, lui attache les pattes ensemble avec une bande de toile pour le tenir en respect, et avec de grands ciseaux lui coupe la laine. Cette laine constitue une *toison*.

— Très bien. Cette laine, dégraissée, lavée, filée, est ensuite tissée soigneusement, c'est-à-dire transformée en tissus tels que ceux de vos vêtements. Je m'adresse maintenant à Jules : Croyez-vous qu'un fermier puisse se contenter d'un seul mouton, comme d'un seul cheval ou d'une seule vache ?

JULES. — Non, Monsieur ; un fermier possède généralement un certain nombre de moutons, dont l'ensemble forme un *troupeau*.

— C'est tout à fait exact. J'ajouterai que le *berger*, aidé d'un chien fidèle qui obéit à sa voix, mène paître le troupeau dans la plaine ou sur la montagne.

Le chien de berger passe pour l'un des chiens les plus intelligents et les plus fidèles. Quant au berger, c'est de lui que dépendent presque toujours la valeur et la beauté du troupeau confié à sa garde.

Le mouton ne se recommande pas seulement à notre estime par l'excellence de sa chair, ses côtelettes et ses gigots ; sa peau elle-même, habilement préparée, constitue un chaud et précieux manteau pour le fermier. Je demanderai à Émile s'il pourrait me dire le nom du mouton le plus célèbre et le plus recherché par son incomparable toison.

2

ÉMILE. — Mais je crois que c'est le *mérinos*.

— Oui, mon ami, c'est le **mérinos**, qui, originaire d'Afrique, vint d'abord en Espagne et ensuite en France, où il fut introduit par le célèbre naturaliste Daubenton. Aujourd'hui, le mérinos, qui fournit une étoffe portant son nom, est presque partout acclimaté et répandu.

La Chèvre

13. — La **chèvre** n'a certes pas la même humeur que le mouton et la brebis ; plus vive, plus sauvage et

La Chèvre et ses chevreaux.

plus capricieuse, on dirait qu'elle a du vif-argent dans les pattes et comme une menace, souvent inoffensive, au bout des cornes. Elle se plaît dans les lieux escarpés et dangereux, où elle va brouter les herbes odoriférantes, et se dresse sur ses pattes de derrière pour atteindre plus haut.

La chèvre allaite ses petits, qu'on nomme *chevreaux*. La chair de la mère est coriace et filandreuse, mais celle des chevreaux encore tout jeunes est excellente.

Bien que la chèvre de nos pays n'ait pas, comme le mouton, un poil propre à fabriquer des tissus, c'est pourtant une bête d'une grande utilité. Le lait de la chèvre est excellent, fortifiant et doux, et sert à la confection de fromages exquis.

A cause de son prix modeste, la chèvre remplace souvent, dans les chaumières, la vache, qui exige plus de nourriture et coûte plus cher. Aussi a-t-on raison de dire que *la chèvre est la vache du pauvre.*

Si le poil de la chèvre de nos pays est de peu de valeur, il n'en est pas de même de celui des chèvres de certaines contrées. En Orient, par exemple, la *chèvre de Cachemire* produit le tissu sans rival des châles de ce nom.

J'ajouterai que l'on doit à une chèvre de l'Arabie la découverte du café, et que c'est dans la poche à parfum d'une sorte de chèvre du Thibet,

Le Porte-musc. (Hauteur, 0m 60.)

le *porte-musc*, qu'on trouve le musc, cette substance odorante si estimée. N'oublions pas, en fait de chèvres étrangères, la *chèvre angora*, couverte d'une toison magnifique, longue, fine, ondulée ; elle semble vêtue de soie et cabriole pour ainsi dire dans un tourbillon de neige flottante, coquettement drapée dans sa richesse et sa beauté.

Maintenant quittons l'étable de la chèvre pour entrer dans la vacherie.

La Vache et le Bœuf

14. — Parlons d'abord du **bœuf**, ce grand et infatigable travailleur des champs. A une force prodigieuse le bœuf joint la patience et la soumission ; il est né laboureur : son front robuste porte fièrement le joug, son pas lent et mesuré défie la fatigue, la masse vigoureuse de son corps est faite pour la charrue.

Le bœuf trône au premier rang à l'étable et à la boucherie, son corps est une carrière de chair ; toutes les parties de ce colosse sont fortifiantes et bonnes.

En un mot, comme l'a dit un naturaliste, le bœuf est le roi du bétail, la force de l'agriculture ; c'est enfin le grand symbole de la patience, du travail et de la richesse ; quand il a fécondé nos champs et préparé nos récoltes, il marche de son même pas lent et résigné vers l'abattoir, et nous lègue, en mourant, le pot-au-feu !

A propos du bœuf de nos pays citons rapidement quelques bœufs étrangers : le *zébu* de l'Inde, vif, alerte, petit, trapu, qui sert de monture aux indigènes ; l'*yack* ou *bœuf chinois*, à la toison flottante et fine dont on fait des tissus précieux ; le *bœuf musqué* de l'extrême

Nord, richesse unique et seul ornement de ces contrées désolées. Citons enfin le *bœuf sauvage* des prairies américaines, animal magnifique et indompté, qui voyage par troupeaux farouches dans les savanes immenses et qui, par sa peau précieuse et sa chair excellente, est la fortune du chasseur.

Après le bœuf, la **vache**. Elle a, comme le mouton et la chèvre, quatre pattes et le pied fourchu. Par son

La Vache.

lait sans pareil, ses fromages sans nombre, la chair excellente de son veau, la vache est encore plus précieuse et plus utile que le bœuf lui-même. Bien qu'elle ne soit pas aussi forte que lui, elle le remplace souvent à la charrue. La pauvre vache est, en quelque sorte, une bonne à tout faire; mais quand on emploie cette féconde et précieuse nourrice à de durs travaux, on doit l'entourer de tous les soins et de tous les égards que mérite son grand rôle si largement rempli. Il arrive souvent que la vache est toute la ressource et toute la fortune d'une pauvre famille : son lait nourrit les enfants, son beurre assaisonne les légumes du jardin, et le prix du veau qu'un marchand mènera un jour à la boucherie acquittera le loyer de la maisonnette.

Questionnaire. — Comment avons-nous divisé les animaux ? — Citez des animaux utiles ; — nuisibles. — Quelle autre division avons-nous encore établie parmi les animaux ? — Citez des exemples des deux catégories. — Que savez-vous du mouton ? — du bœuf ? — de la vache ?

<hr>

5ᵉ LEÇON

LA LAITERIE

15. — S'il vous arrive de visiter une ferme, n'oubliez pas d'entrer dans la *vacherie*, la maison des vaches ; vous y verrez peut-être la fermière occupée à traire ses bonnes vaches, à faire couler le lait dans un seau.

La *traite* terminée, le lait est porté dans un endroit spécial, appelé **laiterie**, où l'on fabrique le *beurre* et le *fromage*. Là, le lait est versé dans de grands pots de grès, tenus dans un parfait état de propreté.

La Crème et le Beurre

16. — Voyons ce qui se passe dans ces pots.

Le lait fraîchement tiré est blanc, mais celui de la traite précédente paraît jaune. Pourquoi, mes amis, cette différence de couleur? c'est que la **crème**, *la partie la plus légère du lait*, est montée à la surface et montre sa couleur jaune.

Prenez une cuiller et enlevez délicatement cette crème : au-dessous, le liquide est blanc comme il l'était en sortant du *pis* ou mamelle de la vache. C'est le *caillé*, mélangé de petit-lait.

Quand toute la crème est montée à la surface du lait, on la recueille avec une large cuiller peu profonde et percée de nombreux petits trous. Le lait passe au travers, et la crème seule reste dedans. C'est ainsi qu'on a du lait écrémé.

C'est le moment de procéder à la fabrication du beurre et du fromage. Jules, dont les parents possèdent une vache, va nous dire comment on s'y prend pour *transformer la crème en beurre*. Nous parlerons du fromage ensuite.

Baratte et son pilon.

JULES. — Pour obtenir du **beurre**, on met la crème dans un grand vase en bois, nommé *baratte*, qui est plus étroit du haut que du bas. A l'aide d'un pilon, également en bois, on remue fortement la crème, on la mêle, on la tourne, on la *bat*. A la suite de ce travail, la partie jaune s'épaissit : c'est le *beurre*, qui se sépare d'un liquide blanchâtre appelé *petit-lait*.

— Que fait-on de ce petit-lait ?

JULES. — On le donne aux porcs, qui en sont très friands.

— Ce qu'a dit Jules est parfaitement exact. J'ajouterai que, pour aller plus vite, on se sert d'une autre *baratte* ayant la forme d'un baril et munie, à l'intérieur, de planchettes ou ailes; on fait tourner ces ailes au moyen d'une manivelle comme celle du treuil d'un puits. Qu'arrive-t-il? la crème est fortement battue par les ailes, et le beurre se sépare du petit-lait. Le résultat est absolument le même qu'avec la baratte dont Jules nous a parlé; mais il y a économie de temps et, paraît-il, perfection de besogne.

Baratte et son moulinet.

Si le beurre n'est pas suffisamment battu, une partie du petit-lait reste dedans et lui donne un goût frais, une saveur délicate; mais ce beurre a le défaut de *rancir très promptement*, en été surtout, et l'on sait que le beurre rance n'est pas bon.

Le beurre se consomme en partie à l'état frais. Mais on peut le conserver en le faisant fondre et en le salant légèrement; ainsi conservé, il remplace avec avantage l'huile, et surtout la graisse, dans certaines cuisines.

André pourrait-il nous dire quels sont les beurres les plus délicats et les plus connus?

ANDRÉ. — J'ai entendu louer les beurres d'Isigny et de Gournay, ceux de Bretagne, de la Touraine et du Bourbonnais.

— Ces beurres sont en effet les plus estimés.

Le Fromage

17. — Il existe pour le **fromage** plusieurs modes de fabrication; mais nous traiterons la question d'une manière tout à fait générale.

On emploie le lait écrémé ou non écrémé. Dans le premier cas, on obtient un *fromage maigre*; dans le dernier cas, le fromage est plus gras, plus délicat, plus pur, et prend le nom de *fromage gras*.

Qu'il s'agisse d'un fromage maigre ou d'un fromage gras, il faut laisser cailler le lait, c'est-à-dire le laisser s'épaissir et se transformer en une sorte de gelée blanche connue sous le nom de *caillé*. Lorsque celui-ci est trop long à se former, on active l'opération à l'aide d'une matière, nommée *présure*, que l'on ajoute au lait.

Le caillé étant suffisamment ferme, on le met égoutter dans des vases percés de trous ou bien sur

des claies d'osier généralement recouvertes de paille,
où il sèche et se raffermit encore. Le fromage alors
est fait, et il peut être consommé aussitôt. Si on veut
le garder, on le sale, puis on le met en pains de formes
diverses et de grosseurs différentes : les uns sont en
boule ; d'autres ressemblent à une meule de rémouleur ; d'autres enfin à une brique, à une bonde.

— Jules pourrait-il nous nommer quelques espèces
de fromages?

JULES. — Le *gruyère*, qui vient de la Suisse; le *brie*,
de Seine-et-Marne; le *cantal* et le *mont-d'or*, de l'Auvergne et du Lyonnais; le *camembert*, le *pont-l'évêque*
et le *livarot*, de la Normandie ; le fromage *de Hollande;* le *chester*, qui nous vient d'Angleterre, et le
roquefort, qui se fabrique en France, dans le département de l'Aveyron.

— Fort bien, Jules. La plupart de nos fromages, si
célèbres et si estimés de l'Europe, se fabriquent avec le
lait de vache; d'autres s'obtiennent avec le *lait de chèvre*
et le *lait de brebis.*

Questionnaire. — Qu'est-ce que la vache? — la laiterie?
— Parlez de la fabrication du beurre; — du fromage. — Que
fait-on du petit-lait? — Quels sont les meilleurs beurres? — Citez
les fromages les plus renommés. — Quel lait emploie-t-on pour
faire le beurre? — le fromage?

6ᵉ LEÇON

ANIMAUX DOMESTIQUES *(Suite)*

Le Cheval

18. — Je commence par une question que je pose
à Antoine : Le mouton, la chèvre et la vache sont-ils les
seuls animaux domestiques qui nous soient utiles?

ANTOINE. — Non, monsieur ; je citerai encore le cheval,
l'âne, le mulet, le porc, le lapin, le chien, etc.

— C'est juste. Le **cheval** et la *jument*, dont le petit

Le Cheval.

se nomme *poulain*, remplissent divers rôles d'une grande
importance. Comme le bœuf, le cheval tire la charrue et
traîne de lourds chariots; en outre, il s'attelle à de

légères voitures qui transportent des voyageurs, ou porte sur son dos soit un fardeau, soit un cavalier. Le cheval est donc à la fois un *animal de trait*, une *bête de somme*, une *monture* incomparable. Son pas est plus rapide que celui du bœuf, sa besogne est souvent plus considérable; son emploi est plus divers, ses services sont plus grands. Compagnon des fatigues de l'homme, le cheval est pour lui un animal des plus précieux.

Le cheval est un des animaux les plus nobles et les plus beaux de la création. On le trouve partout : dans les champs, où il trace rapidement son sillon; dans les forêts, où, guidé par la main du chasseur, il poursuit avec une ardeur sans égale, une agilité merveilleuse, le cerf, le daim, le chevreuil, le loup, le sanglier, tous les fauves des bois. On le trouve dans le chemin creux du vallon, ou sur la route escarpée de la montagne, portant de lourds fardeaux sans hésiter et sans broncher; on le voit sur les champs de bataille affronter le fer et le feu avec une bravoure admirable et des instincts héroïques,

Vivant, le cheval donne à l'homme son travail; mort, il lui lègue sa peau, qui est ensuite transformée en *cuir* estimé. Ajoutons que la chair du cheval, comme celle du mulet, entre aujourd'hui dans l'alimentation de l'homme.

Jules pourrait-il me dire quelles sont les races de chevaux les plus appréciées et les plus connues?

JULES. — J'ai beaucoup entendu louer nos chevaux *boulonnais*, ceux du *Limousin*, de la *Bretagne*, du *Perche* et de la *Normandie.*

— Bien. Et comme chevaux étrangers, on peut citer le cheval *arabe*, le cheval *anglais* et le cheval allemand du *Mecklembourg*.

GASTON. — Je désirerais savoir d'où viennent ces charmants petits chevaux qui forment des équipages si rapides et si coquets.

— Ces petits chevaux, mon enfant, qui vous plaisent tant par leur petitesse et leur élégance, se trouvent en Corse, en Bretagne et dans l'île de la Camargue ; les plus beaux et les plus chers nous sont envoyés d'Islande, qui est une île de l'extrême Nord, et de Siam, qui est un royaume d'Asie.

L'Ane et le Mulet

L'Ane.

19. — Sans doute, l'âne et le mulet n'ont pas la grâce et la noblesse du cheval, mais leur utilité est des plus

grandes. Ils sont sobres et infatigables au travail; leur seul défaut est un certain entêtement, passé, comme on sait, en proverbe : « Têtu comme un âne et un mulet. »

L'*âne* coûte certainement moins cher que le cheval; aussi son rôle est-il moins brillant, tout en restant aussi utile; l'âne est la bête de somme des petites gens. C'est à tort qu'on a fait de « ce pelé », de « ce galeux », comme le désigne le bon La Fontaine, un symbole de bêtise et d'ignorance; l'âne en sait tout aussi long que le cheval, et il serait injuste d'exiger plus de grâce et plus d'élégance de ce travailleur des champs, de ce serviteur des humbles.

Le *mulet* est surtout précieux dans les pays de montagnes. Vif et nerveux, il marche sans broncher d'un pas égal et sûr dans les sentiers étroits et au bord des précipices. Là où le cheval hésite, le mulet passe hardiment; il ne connaît ni crainte ni vertige; il supporte la fatigue et la faim sans ralentir le pas : avantage qui le fait préférer dans certaines contrées à tout autre animal. En Espagne et en Italie, la *mule*, qui n'est point sans élégance et sans grâce, est encore très recherchée pour former des attelages princiers. On pare alors la mule de rubans, de grelots et de pompons.

Le Porc

20. — Le **porc** ne travaille pas; mais sa chair est, avec le pain, la base de la nourriture des habitants de la campagne.

Certes, l'aspect du porc n'a rien d'engageant, ses habitudes sont peu élégantes et ses goûts manquent absolument de distinction; c'est avec délices qu'il se roule dans la fange. Mais dans le porc, depuis le groin jusqu'aux pieds, tout est exquis.

Le cochon est le bétail du pauvre; il est la ressource des chaumières comme il est la richesse des fermes.

Les porcs les plus appréciés de France sont ceux de la Meurthe, de la Sarthe, du Limousin, de la Charente et du Périgord.

La femelle du cochon, qui se nomme la *truie*, porte l'amour de ses petits jusqu'à la férocité. Dans ce cas, c'est un animal intraitable et très dangereux; du reste, le porc domestique ne forme qu'une seule et même espèce avec le *sanglier,* qui est le cochon sauvage.

Le Chien

21. — Il nous reste à parler de l'animal domestique peut-être le plus utile à l'homme : le **chien**.

Buffon en a parlé dans les termes suivants :

« Le chien, fidèle à l'homme, conservera toujours un degré de supériorité sur les autres animaux; il leur commande, il règne lui-même à la tête d'un troupeau; il s'y fait mieux entendre que la voix du berger : la sûreté, l'ordre et la discipline sont les fruits de sa vigilance et de son activité; c'est un peuple qui lui

est soumis, qu'il conduit, qu'il protège et contre
lequel il n'emploie jamais la force que pour y maintenir
la paix. »

Le Chien de berger.

Voilà pour le chien *de berger*.

Voici maintenant pour le chien *de garde* : « Lorsqu'on
lui a confié pendant la nuit la garde de la maison, il
devient plus fier et quelquefois féroce; il veille, il fait
la ronde, il sent de loin les étrangers, et pour peu qu'ils
s'arrêtent ou tentent de franchir les barrières, le chien
s'élance, s'oppose, et, par des aboiements réitérés, des
efforts et des cris de colère, il donne l'alarme, avertit et
combat : aussi furieux contre les hommes de proie que
contre les animaux carnassiers, il se précipite sur eux,
les blesse, les déchire, leur ôte ce qu'ils s'efforçaient
d'enlever; mais, content d'avoir vaincu, il se repose sur

les dépouilles, n'y touche pas, même pour satisfaire son appétit, et donne en même temps des exemples de courage, de tempérance et de fidélité. »

Nous connaissons le chien de garde et le chien de berger ; Gaston pourrait-il m'en nommer d'autres races ?

GASTON. — Il y a d'abord le chien *de chasse*, qui poursuit le lièvre, la perdrix, le loup, le sanglier, etc... Il y a ensuite le *caniche* ou chien-mouton, qui conduit le pauvre aveugle à travers les rues et a des yeux pour lui.

— C'est très bien, Gaston. Nous pouvons encore citer le *terre-neuve*, ce bon gros chien si vigoureux et si hardi qui se jette quelquefois à l'eau pour sauver l'homme ou l'enfant qui se noie ; le chien du *mont Saint-Bernard*, qui va chercher sous la neige le voyageur enseveli dans l'avalanche. Enfin, nous terminerons ce défilé par deux chiens aussi célèbres qu'utiles, mais qui ne sont pas précisément voisins : l'un est le chien *des Esquimaux*, dans le nord de l'Amérique, et l'autre, le chien *des Hottentots*, au sud de l'Afrique. Combien de centaines de lieues séparent ces deux races qui se ressemblent par l'intelligence et le dévouement ! Dans le pays des Esquimaux, où règnent des frimas éternels, le cheval, l'âne et le mulet ne sauraient vivre ; il n'y a que le chien. On l'attelle au traîneau, qu'il emporte en courant sur les plaines de neige et de glace.

Chez les Hottentots, au lieu d'une étable, le bétail se parque dans un vaste enclos entouré de palissades. La

nuit, quand tout dort, un rugissement se fait entendre :
c'est un lion, une panthère ou un léopard qui vient
rôder autour du bétail terrifié ; mais les chiens sont là
qui montent la garde. La sentinelle pousse un aboie-
ment prolongé, et aussitôt une vingtaine de chiens
accourent pour donner la chasse aux fauves.

Ce qu'on entend par Mammifères

22. — Auguste, pourriez-vous me citer des animaux
qui allaitent leurs petits ?

AUGUSTE. — La vache, la chèvre, la jument, la
brebis.....

— Parfaitement. Ces animaux sont toujours pourvus de
mamelles dans lesquelles se produit le lait ; c'est pourquoi
on les désigne sous le nom de **mammifères**, c'est-
à-dire *porteurs de mamelles*.

Ces animaux ne se ressemblent pas tous, comme
vous pouvez le remarquer en comparant la baleine à la
vache.

RAOUL. — Mais, monsieur, la baleine vit dans la
mer : c'est un poisson.....

— Non, mon enfant, *la baleine n'est pas un poisson*,
bien qu'elle se tienne presque constamment dans l'eau :
c'est un *mammifère*, puisque, comme la vache, elle
donne du lait à ses petits, elle les allaite.

Presque tous les mammifères *sont couverts de poils*,
ce qui permet de les reconnaître. C'est parmi ces animaux que se trouvent nos meilleurs serviteurs.

Je vous ferai remarquer aussi que tous les mammifères ne se nourrissent pas de la même manière. Les uns,
tels que le chien, le chat, le loup, le lion, le tigre, le
renard, se nourrissent de chair, et sont appelés **carnivores** ou **carnassiers**. Les autres, comme le mouton, la chèvre, le cheval, l'âne, le mulet, mangent de
l'herbe; ce sont des **herbivores**. D'autres enfin, tels

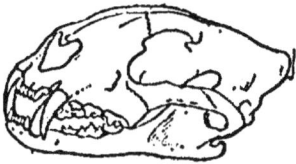

Mâchoires:

Carnivore (Chat).   Herbivore (Mouton).   Rongeur (Écureuil).

que les lapins et les rats, grignotent sur le devant de
la bouche et sont appelés **rongeurs**.

— Dites-nous, Jules, si l'homme, qui est un mammifère, est herbivore ou carnivore.

JULES. — Il est l'un et l'autre, car il se nourrit en
même temps et de plantes et de chair.

— C'est fort juste; aussi sa mâchoire est-elle munie
des diverses sortes de dents que possèdent particulièrement les herbivores, les carnassiers et les rongeurs.

Questionnaire. — Parlez du cheval. — Citez les chevaux
français les plus estimés. — Parlez de l'âne; — du mulet. — Quelle
est l'utilité du porc? — Le chien est-il utile à l'homme? — Quels
services lui rend-il? — Quelles races de chiens connaissez-vous? —
Qu'est-ce qu'un mammifère? — Citez des exemples de mammifères.
— Citez des carnassiers; — des herbivores; — des rongeurs.

7ᵉ LEÇON

ANIMAUX ÉTRANGERS

23. — Nous venons, mes enfants, de passer en revue un certain nombre d'animaux de nos pays ; c'est le moment de faire une rapide excursion dans les pays étrangers, pour faire connaissance avec de curieux animaux, que nous diviserons, ainsi que nous l'avons déjà fait pour ceux de nos contrées, en *carnassiers* et *herbivores*. Les carnassiers sont : le lion, le tigre, l'ours, la panthère, l'hyène, le jaguar, le léopard ; les herbivores sont : l'éléphant, le chameau, le renne, la girafe, le zèbre, l'hippopotame, le rhinocéros.

Carnassiers

24. — **Le lion**, qu'on appelle communément le « Roi des animaux », est d'une force prodigieuse ; sa griffe est aussi redoutable que sa crinière est majestueuse et son rugissement terrible.

Le Lion.
(Hauteur, 1ᵐ.)

Il habite le Cap, le Sénégal, l'Atlas, en Afrique. C'est le fléau des troupeaux et la terreur des hommes. La *lionne*, qui est sans crinière, porte l'amour de ses petits jusqu'à la plus grande férocité. Pour les défendre, elle brave tous les dangers et sait mourir.

En Asie se trouve le **tigre**, plus féroce, plus agile, plus souple et presque aussi fort que le lion. Sa peau est magnifique, admirablement dessinée des plus vives couleurs. Le tigre fait encore plus de ravages en Asie que le lion en fait en Afrique; c'est l'effroi des habitants du Bengale, de la Cochinchine, du Cambodge et de Siam.

Le Tigre.
(Hauteur, 0^m,70.)

Le **léopard**, moins fort et moins gros que le lion, se trouve en Afrique, de même que l'hyène et la panthère, qui se rencontrent aussi en Asie. La **panthère** est un animal des plus dangereux à cause de la violence et de la rapidité de ses attaques. **L'hyène**, aussi lâche que cruelle, se nourrit d'immondices et déterre jusqu'aux cadavres pour les dévorer.

Dans les déserts d'Afrique et d'Asie errent des bandes de **chacals**, espèces de renards très voraces.

Si nous quittons l'Afrique et l'Asie pour passer en Amérique, nous trouvons le **jaguar**, sorte de tigre, presque **aussi fort**, aussi sanguinaire et aussi terrible que le tigre de l'Inde.

Le lion, le tigre, la panthère, le jaguar appartiennent à la *race féline*, absolument comme notre *chat* domes-

tique, aux doux *ronrons*, aux caresses gracieuses, qui
se promène sur nos toits et dort à notre foyer, nous
débarrasse des rats et des souris, qu'il atteint d'un
bond et étourdit d'un coup de patte.

Nous avons en France, dans les Pyrénées, un **ours**,
l'*ours brun*, qui, plus herbivore que carnassier, se
nourrit surtout de fruits, de racines et de miel ; mais
dans l'Amérique du
Nord se trouve l'*ours
gris* des Montagnes-
Rocheuses, animal
monstrueux et terri-
fiant, et dans les régions
polaires apparaît le fa-
meux *ours blanc*, qui

L'Ours brun.
(Longueur, 1m,60.)

est le plus grand, le plus fort et le plus féroce des ours.
L'ours blanc vit avec une égale facilité sur terre et
dans l'eau.

Herbivores

25. — **L'éléphant** est le plus gros des animaux
terrestres, le plus robuste, et l'une des bêtes les plus
intelligentes. Deux choses caractérisent surtout sa
conformation : ses dents prodigieuses et terribles, que
l'on nomme *défenses* et dont on tire le précieux *ivoire*;
sa *trompe*, qui lui sert en quelque sorte de main et de
massue. L'homme qui dresse et conduit les éléphants
se nomme *cornac*.

L'éléphant se trouve en Afrique et en Asie; il est sauvage dans le premier de ces pays et domestique dans le second. Dans l'Inde, c'est un animal des plus utiles qui, par sa force, son intelligence et son adresse, exécute d'admirables et nombreux travaux.

ANDRÉ. — Quel pays habite donc le chameau?

L'Éléphant.
(Long., 4 m. — Haut., 3m,70., — Poids, 7,000 k.)

— Le *chameau* habite l'Afrique et l'Asie; celui de l'Afrique, appelé *dromadaire*, n'a qu'une bosse, ce qui le distingue de celui de l'Asie, qui en a deux.

Le dromadaire et le chameau rendent les plus grands services à l'homme. Rien n'égale la sobriété et la patience du chameau; lui seul peut traverser d'un pas égal et sûr les déserts immenses sous un soleil de feu. Par une disposition toute particulière de son estomac, il peut tenir en réserve de l'eau pour plusieurs jours, et il peut marcher une semaine entière sans boire ni manger. Quand il rencontre sur sa route une source ou une mare, il renouvelle sa provision pour huit autres jours. Le chameau, docile et doux, s'agenouille à la voix de son maître pour recevoir le cavalier ou le fardeau qu'il doit porter; ainsi chargé, il peut faire cinquante kilomètres par jour sans être obligé de prendre aucun repos

J'ajouterai que le chameau n'est pas seulement un portefaix incomparable et une monture excellente, il est également utile, par sa chair qui est très nourrissante, son lait qui est exquis, son poil enfin qui se renouvelle chaque année et dont on tisse des cordes solides et de chaudes étoffes.

A propos d'animaux utiles à certains points de vue, citons le **renne**, qui se trouve dans le nord de l'Europe, notamment en Laponie, où il remplace à la fois le cheval, le bœuf, la vache, la chèvre et la brebis, qui ne pourraient pas vivre dans ces contrées glaciales. Le renne est un cerf qui s'apprivoise facilement et qui court avec une étonnante rapidité en conduisant sur la neige et la glace le traîneau du Lapon.

La Girafe.
(Hauteur, 6 mètres.)

Dans les déserts de l'Afrique, où l'on ne rencontre que d'immenses étendues de sable ponctuées çà et là d'*oasis*, c'est-à-dire de bouquets de palmiers, se trouve le plus grand quadrupède connu : c'est la **girafe**, qui, grâce à la longueur démesurée de son cou, peut atteindre une hauteur de sept mètres. Sa peau blanchâtre est agréablement tachetée; sa tête est ornée de deux petites cornes. La girafe est un animal absolument inoffensif, qui se nourrit de feuilles et de bourgeons. Pour se procurer sa chair, qui est un bon aliment, l'Africain la chasse avec acharnement ; mais la course de la girafe est si rapide, qu'il est très difficile de l'atteindre, même avec le meilleur cheval.

Un autre animal très doux, aux formes gracieuses, rivalise par la beauté de sa robe avec la girafe : c'est le **zèbre**, espèce de cheval d'Afrique, dont le corps est entièrement couvert de bandes noires et de bandes grises.

C'est encore en Afrique qu'on rencontre cet autre herbivore, gigantesque et farouche, appelé **rhinocéros**. Ce colosse, vêtu d'un cuir épais qui défie la lance et la balle du chasseur, porte sur son nez une ou deux cornes.

Dans les grands fleuves de l'Afrique se trouve l'**hippopotame**, animal aussi gros, mais plus massif et plus lourd que le rhinocéros. C'est à peine s'il peut marcher sur terre ; mais dans l'eau, où il se tient ordinairement, il est aussi agile que redoutable. Des dents de l'hippopotame on tire un ivoire plus estimé encore que celui que fournissent les défenses de l'éléphant.

JULES. — L'hippopotame est bien ce gros animal qui ressemble au porc et qui vit sur la terre et dans l'eau ?

— Parfaitement, mon ami.

3

Les Singes

26. — Nous venons de voir les animaux les plus connus et les plus remarquables des pays étrangers; est-ce que nous n'aurions pas omis de parler de l'un des plus curieux de tous? Qu'en pense Gaston?

GASTON. — Nous n'avons pas parlé du singe.

— C'est vrai. Il est cependant indispensable de faire la connaissance de cet animal qui, par son organisation et par la forme de son corps, se rapproche si étonnamment de l'homme.

Les **singes** vivent dans les pays chauds, se nourrissant de fruits et de graines. Il y en a de plus grands et de plus forts que l'homme; mais il y en a aussi de tout petits, pas plus gros qu'un écureuil. Le singe est un *quadrumane*, c'est-à-dire un animal à quatre mains.

Distinguons trois singes remarquables entre tous les autres : l'orang-outang, le chimpanzé et **le gorille.**

Le Chimpanzé.
(Hauteur, 1m,50).

L'orang-outang ou *homme des bois* vit surtout en Océanie, dans les deux grandes îles de Bornéo et de Sumatra. C'est un des singes les plus intelligents qui existent; il passe sa vie sur les arbres, où il sait se construire avec des branches entrelacées un gîte assez confortable.

Le *chimpanzé* habite les forêts du Gabon, en Afrique. Il est moins grand que l'orang-outang; mais il est plus facile à apprivoiser et plus intelligent. Bien dressé, il peut servir à table et rendre mille petits services domestiques avec une adresse vraiment surprenante.

Le *gorille*, voisin du chimpanzé, habite aussi les forêts du Gabon; c'est le plus grand, le plus fort et le plus féroce des singes. Son aspect est hideux, sa taille dépasse quelquefois deux mètres, et sa force égale presque celle du lion. Sa chasse est une des plus périlleuses qu'on connaisse : le chasseur qui le manque est mort.

L'Ouistiti.
(Longueur, 0^m,30.)

Nous nous bornerons à citer seulement parmi les petits singes les charmants *ouistitis*, si agiles, si gais et si attachés à leur maître, qui foisonnent dans les forêts du Brésil et du Paraguay, en Amérique.

Questionnaire. — Quels animaux étrangers connaissez-vous? — Lesquels sont carnassiers? — herbivores? — Dites ce que vous savez des carnassiers. — Lesquels sont de la famille du chat? — Où vit l'ours brun? — le gris? — le blanc? — Que savez-vous de l'éléphant? — Comment s'appelle son conducteur? — Qu'est-ce qui distingue le chameau du dromadaire? — Que savez-vous du chameau? — du renne? — de la girafe? — du zèbre? — du rhinocéros? — de l'hippopotame? — Parlez des singes.

8ᵉ LEÇON

LES OISEAUX

(ANIMAUX A DEUX PATTES ET A PLUMES)

27. — Maintenant, mes amis, nous allons parler d'animaux faciles à distinguer des autres : ils ont deux pattes, deux ailes ; leur corps est couvert de plumes, ils ont un bec plus ou moins long, dur et corné, et ils sont dépourvus de dents.

MARCEL. — Ce sont les *oiseaux*?

— Parfaitement. Certains d'entre eux sont élevés à la ferme, dans un lieu spécial nommé *basse-cour* : ce sont les **oiseaux domestiques**; les autres, et c'est le plus grand nombre, vivent en liberté dans les champs et les bois : ce sont les **oiseaux sauvages.**

I. — LES OISEAUX DOMESTIQUES

La Poule, les Œufs, les Poussins

28. — A la tête des Oiseaux domestiques, nous citerons la *poule* et son compagnon le *coq*, appelé « le Roi
de la basse-cour » ; on le nomme encore « le Réveille-
matin de la ferme », à cause
de son chant matinal. Le
coq et la poule se trouvent
dans tous les pays, et chez le
pauvre comme chez le riche,

Disons un mot du **coq**.
Cet oiseau hardi et vaillant
fut l'emblème guerrier de
notre vieille Gaule. Chez les
Perses le coq était dieu ;
chez les Romains, il était
le symbole de la force et de la santé.

Le Coq.

Les coqs de France les plus estimés et les plus beaux
sont le coq de *la Flèche* et le coq de *Gascogne*.

La **poule** est la richesse des fermes, l'agrément
de la basse-cour. Les principales races de poules
sont : la poule de *Houdan* (Seine-et-Oise) et celle de
Crèvecœur (Calvados) ; la délicieuse poule de la
Bresse, ronde, luisante et tendre comme une boule de
beurre ; les célèbres poulardes du *Périgord* et du *Maine*.
Il convient de noter la grande poule de *Cochinchine*,
que nos éleveurs ont conquise et qui est devenue par
son acclimatation une poule française.

Comme la plupart des oiseaux domestiques, la poule est élevée pour sa chair délicate et pour ses plumes moelleuses, qui servent à confectionner les doux oreillers où notre tête repose ; mais c'est loin d'être tout : la poule a son **œuf**, qui est un mets excellent, plus nutritif et plus sain que la meilleure viande de boucherie.

Tous les œufs de la poule n'entrent pas dans l'alimentation ; on en réserve un certain nombre pour les mettre couver, afin d'avoir des petits de l'espèce. Ces petits sont appelés *poussins* quand ils sont tout jeunes et **poulets** quand ils sont un peu plus gros.

La Poule et ses Poussins.

Pour faire couver les œufs, on les met dans un nid de paille convenablement disposé. La poule les couvre alors de son corps et de ses ailes pour les tenir chauds pendant dix-huit à vingt et un jours. A ce moment le *poussin*, ayant consommé tout le contenu de l'œuf, brise la coquille avec son bec et sort de sa prison : c'est l'*éclosion*.

Depuis quelques années, on fait aussi couver artificiellement les œufs dans une sorte de boîte ou cage appelée *couveuse*, ce qui permet d'avoir des poulets en plus grande quantité et sans fatiguer les poules, qui ne participent d'aucune manière à ce genre de *couvaison*. Les cages couveuses doivent être, évidemment, chauffées à une certaine température, égale et constante, ni trop basse, ni trop élevée.

La poule est loin d'être le seul oiseau domestique de la ferme qui soit précieux ; on y trouve aussi le canard, l'oie, le dindon, la pintade, le faisan, le pigeon et le paon. A chacun de ces oiseaux domestiques nous allons consacrer un mot.

Les parties d'un œuf. Quand vous mangez un œuf, examinez-le attentivement, pour voir les différentes parties dont il se compose.

A l'extérieur se trouve la *coque* ou coquille, qui enveloppe le tout, et dont l'intérieur est garni d'une peau fine appelée *membrane coquillère*.

Au-dessous de la membrane coquillère est le *blanc* ou *albumen :* c'est la *glaire* de l'œuf non cuit ; puis vient le *jaune*. Au milieu du jaune il existe une partie blanche à l'extrémité de laquelle se voit une tache qui est le *germe*.

Questionnaire. — A quoi reconnaissez-vous les oiseaux ? — Comment les avons-nous divisés ? — Qu'appelle-t-on basse-cour ? — Quel est le roi de la basse-cour ? — Citez quelques races de poules. — Parlez de la couvaison ; — des petits poulets. — Citez les oiseaux de la basse-cour. — Quels services nous rendent-ils ? — Nommez les différentes parties d'un œuf.

9ᵉ LEÇON

LES OISEAUX DOMESTIQUES *(Suite)*

Le Canard. — L'Oie

29. — Le **canard** a pour lui sa chair et ses plumes ; la *cane* donne un œuf plus délicat, dit-on, que celui de la poule.

Le canard, acclimaté depuis si longtemps en Europe, est originaire de l'Orient. Les canards de France les plus estimés et les plus renommés sont ceux de la Normandie, de la Gascogne, de Montpellier, enfin ceux d'Amiens, dont on fait des pâtés très estimés.

Le Canard.

Nous citerons, comme canards étrangers à nos pays et comme oiseaux d'ornement, le gracieux canard des Carolines, habillé des plus charmantes couleurs, et le fameux canard chinois dit *mandarin*, dont le plumage est un véritable éblouissement.

RAOUL. — Le canard marche difficilement, mais il nage bien.

— Oui ; c'est parce qu'il a les pieds palmés.

RAOUL. — L'Oie n'a-t-elle pas aussi les pieds conformés pour la nage?

— Oui, mon ami. Comme le canard, elle n'est pas
gracieuse à terre; elle est lourde et marche en se
dandinant. On dit même qu'elle est sotte; mais c'est une
injustice, car l'oie, au contraire, est très prudente et très
avisée. Sa chair est excellente, sa graisse exquise, son
duvet très fin. Son foie, quand il est gras, est un manger délicieux qui se paye cher; on fait dans le Midi
des *confits* d'oie, recherchés de l'Europe entière.

Les meilleures oies sont celles de Strasbourg, de
Toulouse et d'Alençon. Dans le nord de l'Europe, l'oie
est le plat légendaire de la grande fête de Noël.

Le Dindon.—La Pintade.—Le Faisan.—Le Paon

30. — Le dindon est originaire de l'Amérique sep-
tentrionale. Il est beaucoup moins ancien que l'oie
dans nos contrées;
il fit son entrée en
France sous le règne
de Louis XII.

Le dindon est un
des premiers per-
sonnages de la ferme.
Sa chair est aussi
abondante qu'ex-
quise.

Le Dindon.

Les dindons les plus renommés de notre pays sont
ceux de la Touraine, de la Sarthe, de l'Anjou et du

Berry. En Amérique, sur les bords des grands fleuves Ohio et Mississipi, on trouve d'immenses troupes de dindons sauvages dont la chair est excellente.

La **pintade**, par son fumet sauvage et sa chair distinguée, est le gibier des fermes; c'est, comme vous le savez, un gracieux oiseau, dont la voix désagréable est loin de répondre au plumage coquet dont il est paré.

Disons-le, la pintade est encore restée rebelle à la vie sédentaire et régulière des basses-cours ; son humeur défiante et un peu sauvage rappelle son origine africaine, ces champs incultes et libres de la vieille Numidie, d'où elle passa d'abord en Espagne, puis en France.

La Pintade.

Quant au **faisan**, c'est un manger parfait. On élève les faisans dans des établissements particuliers qui se nomment *faisanderies*. Comme faisans au beau plumage, véritables oiseaux d'ornement, il convient de citer le *faisan argenté* et le *faisan doré*; le premier est d'un blanc délicat ; le second, d'un jaune admirable, a l'air d'une flamme vivante sur les pelouses des villas et des châteaux. La Chine a son fameux *faisan vénéré*, un des plus beaux oiseaux qui existent.

Le **paon**, dont le plumage est admirable et le ramage intolérable, est originaire de l'Asie, où il vit encore à l'état sauvage. Il porte tout son mérite sur ses épaules éblouissantes, au bout de son aigrette superbe et de sa longue queue, qu'il dresse, faisant la roue, en éventail

Le Paon.

splendide. Le paon n'est qu'un plumage : sous son manteau de pierreries il cache une chair vulgaire, au goût désagréable.

Le Pigeon

31. — Le **pigeon** a tout pour se faire estimer de l'homme : sa grâce, sa beauté, son joli plumage et sa chair justement appréciée; c'est à la fois un oiseau d'ornement et de ressource. Dans la ferme, il a sa demeure à part, qu'on appelle le *colombier* ou *pigeonnier*.

Le pigeon est, dit-on, originaire de la Perse, d'où il passa d'abord en Égypte, en Grèce, puis dans les autres contrées de l'Europe, où il s'est parfaitement acclimaté.

Le Pigeon.

On connaît de nombreuses variétés de pigeons.

Notons seulement notre cher *pigeon voyageur*, qu'un instinct merveilleux pousse irrésistiblement vers le colombier d'où il partit, qu'il retrouve toujours, même au delà des forêts et des montagnes.

Questionnaire. — Quels sont les canards les plus renommés? — Parlez de l'oie. — D'où nous vient le dindon ? — Quels sont les dindons les plus renommés? — Parlez de la pintade. — Que savez-vous du paon ? — du pigeon ? — du faisan ? — Quel pigeon trouvez-vous le plus intéressant ?

II. — LES OISEAUX SAUVAGES

LEUR UTILITÉ, LEURS NIDS.

32. — Les oiseaux de la basse-cour, avec lesquels nous avons déjà fait connaissance, ne sont pas les seuls qui soient utiles à l'homme. La plupart des espèces qui vivent en liberté dans les champs et les bois nous rendent aussi de très grands services, généralement peu appréciés.

ADOLPHE. — Je croyais, moi, que les oiseaux sauvages étaient nuisibles, car j'ai entendu dire qu'ils dévorent nos récoltes.

— Sans doute, ils en dévorent une partie ; mais les dégâts causés par ces gourmands ailés sont, en vérité, bien peu de chose en comparaison des services qu'ils nous rendent. Le grand ennemi, le grand ravageur de nos récoltes, qui attaque la plante dans sa sève, dans sa racine, dans sa fleur, dans son fruit, c'est l'insecte ; et quel est l'ennemi et le fléau de l'insecte ?

La Bergeronnette.

MAURICE. — C'est l'*oiseau !*

— Justement. Parmi ces bienfaiteurs des campagnes nous citerons : la gentille *alouette*, qui se nourrit de vers, de sauterelles, de chenilles, d'œufs de fourmis ; la gracieuse *bergeronnette*, qui suit les troupeaux, les débarrasse de leur vermine et mange les charançons du blé; la *fauvette*, qui avale la bruche des pois et je ne sais combien d'espèces de pucerons; la *grive*, qui purge la vigne des limaces et des escargots; la bienfaisante *hirondelle* qui du matin au soir, du printemps à l'automne, avale en son vol rapide une prodigieuse quantité d'insectes; le *merle*, au bec vigoureux, qui brise la cuirasse des gros insectes ravageurs des taillis et des forêts; la mignonne *mésange*, dont la nichée dévore par an plus de trois cent mille chenilles; le *moineau*, qui fait une guerre acharnée au hanneton, ce grand destructeur de bourgeons et de feuilles; le *pinson*, qui se régale, à notre grand avantage, de courtilières et de cerfs-volants; le *roitelet*, notre plus petit oiseau, qui fait une consommation inouïe de larves et de vermisseaux; le *rouge-gorge*, cet ami des cabanes, qui dévore à coups de bec des insectes terribles, comme la teigne des blés et la tipule de l'avoine.

La Mésange.

Le Hibou.

Citons aussi le *corbeau*, qui se nourrit de vers, de sauterelles et de petits rongeurs, fléau de nos récoltes. N'oublions pas la *chouette* et le *hibou*, qui, loin d'être des oiseaux de mauvais augure, comme on l'a cru longtemps, rendent au contraire d'éclatants services au laboureur en détruisant pendant la nuit les rats, les souris, les loirs et les mulots si nuisibles aux récoltes.

Il est inutile de vous dire, mes enfants, que vous ne devez pas faire souffrir les oiseaux ; non seulement il faut les protéger, mais encore respecter leurs nids, puisque c'est dans ces petits nids que se trouvent la richesse des récoltes, la prospérité des champs et une partie de la fortune du cultivateur.

Nous allons dire quelques mots des nids d'oiseaux.

Les Nids

33. — Avec quelle patience et quel art les oiseaux construisent leurs nids si charmants, si curieux, si co-quets ! Et quelle variété de travail ! Le *merle de roche* creuse son nid dans des escarpements rocheux ; la *filandière* recueille la soie sur un chardon ; le *bûcheron* croise des branches dans la cime des arbres ; l'*hirondelle* scelle son nid

Un nid.

aux angles de nos fenêtres ; le *pic* creuse le sien dans le bois ; les *rossignols* les *fauvettes* et les *pinsons*

tressent d'élégantes corbeilles; la *fauvette couturière*
de l'Inde amasse le coton, en fait un fil, puis du bec
et des pattes *coud* les feuilles dont elle forme le toit
qui abritera son nid. La *mésange* fait le sien de
mousse et de plume; le *bouvreuil* a l'admirable
précaution de placer l'ouverture de son nid, fait de
racines, du côté opposé aux vents habituels de la

Nid de Fauvette couturière.   Nid de Tisserin.

contrée. Le *tisserin* du Bengale suspend plusieurs nids
les uns aux autres en grappe; et le *tisserin* du cap
de Bonne-Espérance les accole de façon qu'ils forment
une cité de plusieurs familles. Sous le brûlant climat
de la Louisiane, en Amérique, le *loriot* construit un
nid à claire-voie afin qu'il soit bien aéré; mais dans

les froides contrées il le rembourre de chaude laine et l'expose au midi.

Questionnaire. — En général, les oiseaux sauvages sont-ils nuisibles ou utiles ? — Citez les oiseaux sauvages que vous connaissez. — Que savez-vous de chacun d'eux ? — Devons-nous détruire le hibou ? — Parlez des nids d'oiseaux.

11ᵉ LEÇON

LA CHASSE ET LE GIBIER

34. — L'homme ne se contente pas de manger les animaux élevés à la ferme ; il se nourrit aussi de ceux qui vivent dans les champs et dans les bois. Pour s'en rendre maître, il leur fait la **chasse** avec un fusil ou tout autre engin.

Vous savez tous que le chasseur est souvent accompagné d'un chien dit *chien de chasse*, qui flaire, découvre et poursuit le gibier.

ERNEST. — Monsieur, qu'est-ce qu'on entend par *gibier ?*

— Le **gibier**, ce sont les animaux sauvages, oiseaux ou mammifères, que l'on poursuit afin de s'en approprier la chair, la plume ou la fourrure.

Les principaux animaux recherchés par le chasseur sont : la perdrix, la caille, le canard sauvage, le faisan, la grive, la bécasse, l'alouette; le lièvre et le lapin, le cerf, le chevreuil, le daim et le sanglier. Voilà le gibier de nos champs et de nos forêts.

Le lapin et le lièvre constituent le *petit gibier;* le cerf, le sanglier et le chevreuil sont appelés *gros gibier.*

Consacrons un mot à chacun des animaux que nous venons de nommer.

Le Gibier à plumes

35. — La **perdrix** est un oiseau à la chair exquise et au plumage charmant; cet oiseau est remarquable par sa sagacité, sa pru-dence et son merveilleux amour maternel. Il y a deux espèces de perdrix : la *grise,* qui habite pres-que toujours les plaines, et la *rouge,* qui préfère les lieux montagneux.

La Perdrix rouge.

La **caille** est un oiseau migrateur qui, aux approches de l'hiver, quitte nos contrées pour se diriger vers un climat plus doux. Sa chair est délicieuse et son chant original.

Le **canard sauvage** est peut-être plus délicat que notre canard domestique. La chasse en est très intéres-sante. Le soir ils arrivent en nombreuses troupes sur le bord des étangs et des rivières. Comme leur vol est très élevé, on les chasse avec de grands fusils qui portent fort loin et qu'on nomme *canardières*. La *sarcelle*, dont parle La Fontaine dans sa fable « Le Lapin et la Sarcelle », n'est qu'une gracieuse et charmante espèce de canard sauvage.

La **grive** est l'oiseau des vignes ; c'est un oiseau bienfaisant, un peu friand de raisin, il est vrai, mais qui débarrasse la vigne de ses ennemis, les limaces et les escargots. La grive veille sur la grappe comme l'alouette sur l'épi.

La **bécasse** est l'oiseau des prairies et des étangs ; elle se distingue par son long bec, ressemblant à un poignard. C'est un oiseau de passage, qui arrive dans nos contrées vers le milieu d'octobre. Les chasseurs la considèrent comme le meilleur de nos gibiers. La *bécassine*, qui est la gracieuse miniature de la bécasse, hante les

La Bécasse.

marécages des prairies et les oseraies qui bordent les rivières.

JOSEPH. — Ne chasse-t-on pas aussi le faisan?

— Oui, mon ami. On chasse le faisan sauvage, qui se tient dans les bois touffus.

A côté de la perdrix et de la caille se place naturellement l'*alouette*, que l'on chasse de différentes manières, toutes plus cruelles les unes que les autres. On ne se contente pas de la détruire avec le fusil; on la prend aux lacets l'hiver, quand, la terre étant couverte de neige, elle ne trouve plus de nourriture.

Voilà pour le gibier à plumes.

Le Gibier à poil

36. — Le **lièvre** et le **lapin** sont le gibier ordinaire qu'on chasse dans nos pays. La retraite du lièvre s'appelle *gîte*, et celle du lapin, *terrier*. La chair du lapin sauvage ou *lapin de garenne* est plus

Le Lièvre.

fine et plus savoureuse que celle du lapin domestique.

Le **cerf** est le roi de nos forêts et le premier de nos grands gibiers. Sa chair est excellente; sa chasse exige des meutes, des chevaux, des piqueurs, un attirail complet. Le cerf se distingue principalement par son *bois*,

Le Cerf.   Le Faon.   La Biche.

sortes de cornes ramifiées qui tous les ans tombent et tous les ans repoussent. — La femelle du cerf se nomme *biche*, et le petit, *faon*.

JULES. — Est-ce que le chevreuil ne ressemble pas un peu au cerf?

— Oui, mon ami. Le *chevreuil* et le *daim* appartiennent à la famille du cerf.

RAOUL. — Pourquoi, monsieur, chasse-t-on le sanglier?

— **Le sanglier** est chassé pour sa chair excellente et

Le Chevreuil.
(Hauteur, 0m,90.)

aussi à cause des dégâts qu'il fait dans les champs. C'est un animal farouche, qui tient hardiment tête aux chiens et aux chasseurs. Ses crocs proéminents, qu'on nomme *défenses*, sont une arme terrible. Le petit du sanglier s'appelle *marcassin*, et sa femelle, la *laie*.

Le Sanglier.

Dans les plaines immenses de l'Amérique courent par troupeaux de six cents à huit cents bêtes, des animaux voisins du sanglier et qu'on appelle *pécaris*.

Le Loup et le Renard
chassés comme animaux nuisibles

37. — Nous chassons aussi, dans nos contrées, le loup et le renard, non comme gibier, mais comme animaux nuisibles.

Vous savez, mes enfants, que le **loup** est la terreur de nos troupeaux et qu'il s'attaque même à l'homme.

Le Loup.
(Hauteur, 0ᵐ,90.)

Le loup, sa femelle la *louve* et ses petits, les *louveteaux*, habitent au plus profond des bois, dont ils ne sortent que poussés par la faim.

En Russie et en Asie, les loups voyagent par bandes innombrables et inspirent aux voyageurs les craintes les plus légitimes.

Quant au **renard**, s'il est moins dangereux que le loup, on peut dire qu'il est plus hardi et plus rusé. Le loup tient pour le mouton, le renard penche pour la volaille; l'un en veut à la bergerie, et l'autre au pou-

Le Renard.
(Hauteur, 0ᵐ,40.)

lailler. Dans quelques contrées, par exemple en Angleterre, on organise des chasses intéressantes contre le renard, qui, par sa finesse et son instinct, s'ingénie à dérouter ses adversaires.

Avec son museau pointu, son oreille droite, ses yeux étincelants et son beau panache, le renard est une assez jolie bête. Dans les contrées du Nord, on chasse avec avidité le *renard bleu*, dont la fourrure est des plus belles et des plus estimées.

Questionnaire. — Qu'est-ce que la chasse? — Qu'appelle-t-on gibier? — Combien de sortes en connaissez-vous? — Citez des exemples de chaque sorte. — Pourquoi chasse-t-on le loup et le renard?

12ᵉ LEÇON

LES POISSONS

ET LA PÊCHE

38. — L'homme ne se borne pas à chasser les animaux qui courent à la surface de la terre ou qui volent dans l'air; il fait aussi la guerre aux *poissons d'eau douce*, qui habitent les fleuves, les rivières, les lacs et les étangs, et aux *poissons de mer*.

PAUL. — Monsieur, est-ce que cette chasse particulière ne se nomme pas la **pêche**?

— Oui, mon ami; et celui qui s'y livre prend le nom de *pêcheur*.

Pour la pêche on se sert de divers engins, dont les principaux sont la *ligne*, l'*épervier*, la *nasse*. Les poissons qu'on prend le plus souvent dans nos cours d'eau sont : la carpe, le saumon, le brochet, la perche, le goujon et l'anguille.

RAOUL. — Est-ce qu'on ne prend pas aussi des écrevisses?

— Sans doute, mon enfant; mais l'écrevisse n'est pas un poisson, comme vous semblez le croire; c'est un *crustacé*, de même que la crevette et le homard.

JULES. — Dans la mer, on pêche bien des sortes de poissons...

— Oui, on pêche la sardine, le hareng, la morue, la raie, le maquereau.

AUGUSTE. — On pêche aussi la *baleine ?*

— Certainement ; mais rappelez-vous que la baleine, le plus gros des animaux connus, est, comme nous l'avons dit, non pas un poisson pondant des œufs, mais un mammifère allaitant ses petits.

Les poissons habitent exclusivement les eaux et ne sauraient vivre longtemps dans un autre milieu. La baleine, au contraire, ne peut rester sous l'eau qu'une demi-heure, et au bout de ce temps-là elle mourrait infailliblement *noyée* si elle ne venait respirer au grand air.

Antoine, dites-moi ce que vous savez de la carpe et du brochet.

ANTOINE. — J'ai entendu dire que la **carpe**, un de nos meilleurs poissons d'eau douce, produit des œufs en grande quantité ; que c'est un poisson intelligent qui devient très vieux et très gros.

La Carpe.

ÉMILE. — J'en ai vu dans le bassin du château de Fontainebleau qui sont énormes et qui ont bien plus de cent ans, dit-on.

— Le fait est exact. Continuez, Antoine.

ANTOINE. — Le **brochet** dévaste les rivières et les étangs. Sa chair est très bonne ; malheureusement son

Le Brochet. (Longueur, 0ᵐ,70.)

cœur l'est beaucoup moins, car il paraît que non seulement il mange les autres poissons, mais dévore même ses petits.

ADOLPHE. — J'ai entendu parler d'un poisson qui

Le Saumon. (Longueur, 1ᵐ,50.)

remonte le courant des rivières et fait des bonds prodigieux.

— C'est le **saumon**, un de nos plus gros et de nos

4

meilleurs poissons. Quand un pêcheur a pris un saumon, il peut dire qu'il a gagné sa journée.

Le saumon est à la fois un poisson de mer et un poisson d'eau douce : on le trouve également dans les fleuves et dans l'océan.

Auguste. — L'anguille aussi se trouve également dans les rivières et dans la mer.

— C'est juste. L'anguille est une bête assez curieuse : elle va pondre dans la mer, et plus tard les jeunes anguilles quittent la mer pour remonter les cours d'eau. Par ses habitudes autant que par sa forme, elle ressemble au serpent : elle peut vivre hors des eaux; comme les reptiles, elle rampe sur le sol. L'anguille a donc deux existences, deux demeures, deux genres de nourriture : dans les eaux, elle mange les petits poissons; sur le sol, elle se nourrit de grillons et de sauterelles.

L'anguille n'est pas le seul animal qui ait le privilège de pouvoir vivre aussi bien sur terre que dans l'eau; il y en a bien d'autres, par exemple, l'ours blanc et l'hippopotame, dont nous avons parlé. On les nomme, à cause de leur double genre de vie, *animaux amphibies*.

A ce sujet, je vous dirai qu'on appelle *animaux terrestres* ceux qui vivent constamment sur terre, et *animaux aquatiques* ceux qui vivent dans l'eau seulement.

De tous les poissons de mer, ceux qu'on pêche le plus et qui rendent les plus grands services à l'alimentation publique, ce sont : la **morue**, que des navires nombreux vont pêcher à l'étranger, principalement à

La Morue.
(Longueur, environ 1ᵐ.)

Terre-Neuve ; le **hareng** et la **sardine**, qu'on mange

La Sardine.
(Longueur, 0ᵐ,10 à 0ᵐ15.)

frais et que l'on conserve aussi après les avoir salés dans des barils.

Les membres des poissons sont conformés essentiellement pour la nage ; aussi les appelle-t-on *nageoires*.

Questionnaire. — Où vivent les poissons ? — Nommez-en quelques-uns. — Qu'est-ce que la pêche ? — Citez des engins de pêche. — Quels animaux vivant dans l'eau ne faut-il pas comprendre parmi les poissons ? — Qu'appelle-t-on animaux aquatiques ? — terrestres ? — amphibies ? — Où pêche-t-on la morue ? — Qu'appelle-t-on nageoires ?

13ᵉ LEÇON

LES REPTILES

39. — Charles va nous dire ce qui distingue les serpents et les lézards.

CHARLES. — Les lézards ont quatre pattes et les serpents n'en ont pas.

— C'est juste. Pour changer de place, les serpents sont donc obligés de se traîner sur le sol en formant une suite de replis; on dit qu'ils *rampent*.

Tous les animaux, qu'ils aient des pattes ou non, mais dont le ventre touche le sol pendant la marche, comme les serpents, les lézards, les tortues et les crocodiles, sont appelés **reptiles**. Ils peuvent se diviser, comme les autres animaux, en deux groupes, selon qu'ils sont *utiles* ou *nuisibles*.

Dans le premier groupe nous rangerons les *lézards* et les *tortues*, car ces reptiles détruisent les vers, les limaces et les insectes ravageurs des récoltes. Le second groupe comprend les serpents venimeux et les reptiles redoutables par leur force

La Tortue.

et leur voracité, tels que les crocodiles et les boas.

MAURICE. — Monsieur, dans quels pays se trouvent les crocodiles et les boas?

— Le *crocodile* se trouve en Afrique et plus particulièrement dans les eaux du Nil, grand fleuve égyptien ; il abonde en Asie, sur les bords de l'Indus et du Gange, où il prend le nom de *gavial*. Il habite également les vastes fleuves américains, où on le nomme *caïman* ou *alligator*. Mais dans ces trois contrées c'est toujours le même animal stupide, vorace et féroce, à la cuirasse impénétrable, à la gueule immense armée de dents terribles. Le crocodile atteint jusqu'à douze mètres de long. De sa peau on fabrique un cuir très recherché.

Le *boa*, ce monstrueux serpent d'Amérique, d'une force et d'une gloutonnerie prodigieuses, atteint jusqu'à huit mètres de long. Dans ses anneaux il broie sa victime, daim, cerf, cheval ou buffle, qu'il engloutit ensuite dans sa gueule profonde et dilatée, après l'avoir couverte de sa bave gluante, pour la rendre glissante.

L'Afrique possède un serpent monstrueux aussi fort et aussi redoutable que le boa américain, c'est le *python*.

Tous ces monstres ne vivent que dans les pays chauds, recherchent les bords des grands fleuves et des marais ou les retraites humides des forêts vierges.

Les serpents venimeux n'ont en France qu'un seul représentant, la vipère. Les autres serpents de nos pays sont inoffensifs ; aussi la *couleuvre*, si commune dans certaines régions, n'est nullement à craindre ; bien plus, malgré la frayeur qu'elle nous cause parfois, nous devons la protéger au même titre que le lézard et la tortue. La couleuvre est un précieux auxiliaire pour le cultivateur.

Quant à la *vipère,* il ne faut pas craindre de la détruire. Sa morsure peut causer la mort de l'homme et de grands animaux. Dans la plaie qu'elle fait elle déverse une goutte d'un poison nommé *venin.*

RAOUL. — Ah! oui; la vipère pique avec sa langue fourchue.

— Non, mon enfant, la vipère ne pique pas avec sa langue; elle mord à l'aide de deux crochets recourbés qu'elle porte à la mâchoire supérieure et qui sont percés d'un canal conduisant le venin dans la plaie. S'il vous arrive d'être mordu par une vipère, il faut immédiatement sucer ou faire sucer la plaie pour enlever

La Vipère.
(Longueur, 0ᵐ,65.)

le venin, opération qui n'entraîne aucun danger pour la personne qui la pratique, si elle n'a pas d'écorchure à la bouche. Ensuite, vous ferez une ligature avec votre mouchoir au-dessus de la morsure, de manière que

Le Trigonocéphale (fer-de-lance). (Longueur, 2ᵐ.)

le venin ne puisse circuler dans le reste du corps. Enfin, il sera bon de brûler la plaie au moyen d'un fer rouge et non avec de l'alcali, qui cautérise la plaie, mais ne supprime jamais le venin.

Si nos contrées privilégiées ne connaissent que la vipère en fait de serpents venimeux, d'autres pays sont moins heureux sous ce rapport : l'Inde a le terrible *naja* et le *cobra-capello* ou *serpent à lunettes*, dont la morsure amène toujours la mort. Dans l'Amérique du Nord, on trouve le *serpent à sonnettes* ou *crotale* dont le venin est foudroyant. Mais le plus terrible de ces reptiles empoisonneurs habite à coup sûr les forêts de la Martinique, en Amérique ; il s'appelle le *fer-de-lance*.

LES BATRACIENS : Le Crapaud et la Grenouille.

40. — Le crapaud est un animal à la fois sauteur et marcheur. Malgré son aspect repoussant, il a les plus grands droits à notre reconnaissance et à notre protection ; c'est un auxiliaire précieux, qui détruit une quantité énorme d'insectes nuisibles à nos récoltes.

Les Anglais le savent si bien, qu'ils font venir de notre pays des milliers de crapauds pour

Le Crapaud.

protéger, contre les limaces et les vers, les légumes de leurs jardins.

ALFRED. — Est-il vrai que, lorsqu'on tourmente le crapaud, il lance aux yeux un liquide qui pourrait aveugler ?

— Rien n'est plus faux. A vrai dire, cet animal n'est pas la propreté même ; mais ce n'est pas une raison suffisante pour détruire ce bon serviteur.

ANTOINE.— Pourtant, j'ai entendu dire que le crapaud est une bête venimeuse.

— C'est fort possible; quand le crapaud est irrité, son corps se couvre d'une liqueur blanchâtre que les naturalistes sont d'accord à reconnaître pour du venin. Mais le crapaud n'a pas de dents et ne saurait faire, par conséquent, la plus légère blessure; en admettant qu'il soit venimeux, il reste pour ainsi dire inoffensif.

RAOUL. — Et la *grenouille*, est-elle utile aussi?

— Oui, mon ami; elle se nourrit d'insectes et ne nuit point aux récoltes; sa chair est excellente à manger.

Le Triton.

La Salamandre.
(Longueur, 0^m,17.)

Ce qu'il y a de particulier chez la grenouille, comme chez le crapaud et les rainettes, c'est qu'elle est d'abord *têtard*, n'ayant qu'une grosse tête, avec une queue qui disparaît à mesure que les pattes poussent.

Le crapaud et la grenouille sont des **batraciens**, ainsi que les *tritons* et les *salamandres*, qui ressemblent à des lézards.

Questionnaire. — Qu'appelle-t-on reptiles? — Qu'est-ce qui distingue, en général, les lézards des serpents? — Quels reptiles de notre pays sont utiles? — Lequel est dangereux? — Que savez-vous des crocodiles et des boas? — Citez des reptiles étrangers venimeux. — Devons-nous détruire le crapaud? — et la grenouille?

LES MOLLUSQUES

41. — Quel est celui de vous, mes enfants, qui pourrait me citer un animal portant sa maison sur son dos?

ANTOINE. — Moi, monsieur : je citerai l'escargot, par exemple.

— Parfaitement. L'escargot est pourvu d'une coquille dans laquelle il se retire au besoin. De même que la *limace*, l'escargot se nourrit à nos dépens, détruit nos légumes et nos fleurs.

L'Escargot.

Ces animaux sont appelés **mollusques,** mot qui veut dire *animaux mous.*

JULES. — Les limaces n'ont pas de coquille, n'est-ce pas, monsieur ?

— Comme les escargots, les limaces ont une tête, quatre *cornes* ou tentacules et un pied; mais, comme vous le dites, elles n'ont pas de vraie coquille. Cependant, chez quelques espèces de limaces, on trouve sous la peau du dos l'indice d'une coquille.

L'escargot, qui nous fournit un mets assez recherché, vit sur terre, ainsi que la limace. Au contraire, certains mollusques habitent les rivières et les étangs, comme la *mulette,* par exemple, que l'on mange sous le nom de *moule d'eau douce;* d'autres, et c'est le plus grand nombre, se trouvent dans la mer. Parmi ces derniers, nous citerons : les *huîtres,* ce mets tant estimé; les moules, les *peignes* ou coquilles de Saint-Jacques.

Ainsi, vous le voyez, mes enfants, les mollusques peuvent se diviser en trois grandes catégories :

1° Les *mollusques terrestres,* qui vivent sur la terre, comme la limace et l'escargot;

Le Peigne ou Coquille de Saint-Jacques.

2° Les *mollusques d'eau douce;*

3° Les *mollusques d'eau salée.*

Cette division n'est pas très rigoureuse, car certaines espèces de mollusques peuvent vivre indifféremment sur la terre et dans l'eau; c'est pourquoi on distingue généralement les mollusques par le nombre de leurs coquilles. On appelle *mollusque univalve* celui dont la coquille est d'une seule pièce, par exemple l'escargot; et par *mollusque bivalve* on entend celui dont la coquille est formée de deux pièces, par exemple l'huître.

Les huîtres ne sont pas libres dans la mer; elles sont fixées sur un rocher et ne peuvent changer de place. On les trouve sur nos côtes en nombreuses colonies, qu'on appelle *bancs d'huîtres.*

La partie intérieure des coquilles, qui est fort belle,

est la *nacre*, avec laquelle on fabrique des boutons, des manches de couteaux et une foule d'autres objets. Enfin, dans la mer des Indes, on trouve chez certaines huîtres des *perles*, bijoux très recherchés, comme on sait, et quelquefois d'un très grand prix. Les huîtres qui produisent la perle sont nommées *huîtres perlières*. Des plongeurs, expérimentés et hardis, s'en vont chercher au fond de la mer ces huîtres précieuses qu'ils recueillent dans un sac, attaché à leur ceinture.

Le Poulpe.

Nous ne pouvons parler de mollusques sans citer la *pieuvre* ou *poulpe*, la *seiche* et le *calmar*, bêtes aussi hideuses qu'étranges.

LES ZOOPHYTES

42. — Nous arrivons à des animaux d'une organition tout à fait simple. Ces êtres, qu'on appelle zoo-

phytes, c'est-à-dire *animaux-plantes,* affectent les formes les plus curieuses et les plus variées, et ressem-

Astérie, ou Étoile de mer.

La Méduse.

L'Anémone de mer.

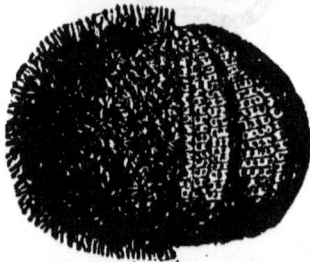

L'Oursin (à moitié privé de ses piquants).

Le Corail.

blent, en effet, pour quelques-uns, à de véritables plantes. Les plus connus sont : l'*étoile de mer* et l'*anémone de mer,* l'*oursin,* la *méduse,* les *polypes* à corail. Ces derniers sont de tout petits.êtres munis de plusieurs bras ; ils vivent en colonies et sécrètent une matière cornée ou pierreuse dont l'agglomération forme une masse considérable. Dans ce dernier cas, ces *infiniment petits* arrivent souvent à bâtir des îles entières.

Gaston voudrait-il nous dire ce qu'il entend par *éponge?*

GASTON. — L'*éponge* doit être une plante de la mer....

— Vous vous trompez, mon enfant ; l'éponge est certainement un animal; il est vrai qu'elle n'y ressemble guère. Quand l'éponge est vivante, dans les eaux, elle est recouverte d'une substance gélatineuse et parfaitement animée.

L'objet de toilette dont on se sert si communément n'est, en quelque sorte, que le squelette de l'éponge privée de sa matière vivante.

Le Crabe.

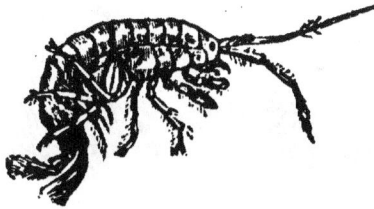

La Crevette.
(Longueur, 0^m,06.)

Je dirai donc, mes amis, en résumant ce qui précède, qu'on trouve dans la mer des *mammifères*, comme la baleine et le dauphin; des *poissons*, comme le hareng, la sardine et le maquereau; des *crustacés*, comme le crabe, la crevette et le homard; des *mollus-*

ques, comme la moule et l'huître; des *zoophytes*, comme l'anémone de mer, l'oursin, l'éponge et la méduse.

Questionnaire. — Citez un animal qui porte sa maison sur son dos. — Citez plusieurs mollusques. — Où vivent les mollusques? — Les limaces ont-elles une coquille? — Citez des mollusques à une coquille; — à deux coquilles. — Que savez-vous des huîtres? — des mollusques? — Citez des zoophytes ou animaux-plantes.

LES INSECTES

43. — Nous allons aborder un genre d'animaux aussi nombreux que curieux : ce sont les **insectes**.

Lucien voudrait-il en nommer quelques-uns?

LUCIEN. — Le hanneton, la coccinelle, la puce, la fourmi, les papillons.....

— Très bien. La plupart des insectes sont très nuisibles; quelques-uns seulement sont utiles à l'homme.

Le Hanneton et sa larve.

Insectes nuisibles

44. — Chez les **insectes nuisibles** on trouve le *hanneton*, qui semble exister uniquement pour dévorer les feuilles et les bourgeons de nos arbres fruitiers. Sa larve, appelée *ver blanc*, coupe les racines des plantes et dévaste nos champs de pommes de terre.

Comme tous les autres insectes, le hanneton pond des œufs, de chacun desquels sort un petit animal appelé *larve*; celle-ci se change plus tard en *chrysalide*, qui à son tour devient uh insecte parfait pondant également des œufs. Nous avons donc d'abord l'*œuf*, puis la *larve*, ensuite la *chrysalide*, enfin l'*insecte parfait*. Ces changements successifs constituent la *métamorphose* de l'animal.

Parmi les insectes nuisibles, on remarque aussi la *courtilière* ou *taupe-grillon*, ainsi nommée à cause de la ressemblance de ses pattes antérieures avec celles de la taupe.

La *courtilière* se tient dans les jardins, où elle cause

La Courtilière. (Longueur, 0^m,03.)

des dégâts considérables, car avec sa main meurtrière elle fouit, creuse, coupe, déracine, détruit tout ce qu'elle rencontre. La courtilière est d'autant plus redoutée des jardiniers, que sa fécondité est désespérante : elle pond, en effet, plus de trois cents œufs, qu'elle dépose au sein de la terre, dans un nid construit avec une grande habileté.

Les insectes nuisibles sont si nombreux qu'il serait

trop long de les citer tous; mais il est impossible de passer sous silence la *punaise*, la *puce*, le *pou*, le *cousin*, ces horribles petites bêtes qui s'attaquent à notre propre corps, tourmentent notre sommeil et se nourris-

La Punaise des lits.
(Longueur, 0^m,003 à 0^m,006.)

Pou, très grossi.
(Longueur, 0^m,003.)

La Puce commune.
(Longueur, 0^m,003.)

sent de notre sang. Comment ne pas citer aussi le *charançon*, qui dévore les grains de blé et s'attaque ainsi à

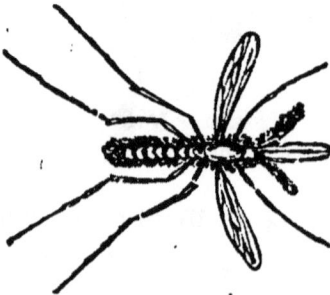

Le Cousin ou Moustique.
(Longueur. 0^m,016.)

Le Charançon
(très grossi).

notre aliment par excellence, le pain; le *phylloxera*, insecte invisible à l'œil nu, qui détruit nos vignes et nous prive de la meilleure de nos boissons, le vin?

Insectes utiles

45. — Passons aux **insectes utiles** à l'homme, et citons en première ligne le *carabe doré*, dit *jardinière*, à cause des services importants qu'il rend dans les jardins, où il détruit une multitude de petites bêtes pernicieuses ; puis, la *coccinelle* ou *bête à bon Dieu*, que vous avez la louable habitude de traiter avec douceur et sympathie.

La Coccinelle.

Quant aux *papillons*, on peut les considérer comme nuisibles, à cause des chenilles auxquelles ils donnent

Le Papillon machaon. (Grandeur naturelle.)

naissance. La *chenille*, pourvue d'une bouche, ayant de solides mâchoires, se nourrit de feuilles et de verdure ;

elle s'attaque à nos fruits, à nos arbustes, à nos légumes, si bien que chacun d'eux, comme le chou, la
pomme de terre, la salade, a sa chenille particulière, qui
est son ennemi spécial et meurtrier. Il ne faut donc pas
voir dans les papillons leur gracieuse agilité, leur vol
charmant, leurs ailes de pourpre ou d'azur, mais les
œufs qu'ils feront et les chenilles ravageuses qui, un
jour, sortiront de ces œufs.

Il est pourtant quelques papillons utiles : celui, par
exemple, dont la chenille est connue sous le nom de
ver à soie, insecte qui est, avec l'abeille, le plus précieux
pour l'homme.

Le Ver à soie

46. — Examinez bien ce papillon et cette chenille :
se ressemblent-ils?

Le Papillon du Ver à soie, et ses œufs.

Le Ver à soie.

ALEXIS. — Non, monsieur; le premier a des ailes, à
l'aide desquelles il peut voler; l'autre n'en est pas pourvu.

D'ailleurs, son corps est plus allongé et tout différent.

— En effet, la chenille et le papillon se distinguent facilement l'un de l'autre. Cependant, quand on laisse vivre la chenille, *elle devient*, par ses métamorphoses, *semblable au papillon* que vous voyez.

Que cela ne vous étonne pas : les beaux papillons qui brillent au soleil ont tous été d'abord des chenilles. Mais arrivons, sans plus tarder, au papillon du ver à

Le cocon du Ver à soie.   La chrysalide.

soie. Il pond de tout petits œufs, à peine gros comme une tête d'épingle, et de chacun d'eux sort une petite chenille; c'est le *ver à soie*.

Ce ver à soie est très gourmand et dévore avec une rapidité gloutonne les feuilles de mûrier qu'on lui présente; aussi grandit-il très vite et est-on obligé de lui servir plusieurs fois par jour des feuilles fraîches pour satisfaire son appétit croissant.

ANTOINE. — Qu'est-ce que le mûrier?

— Le *mûrier* est un arbre que l'on cultive dans le midi de la France pour nourrir spécialement les vers à soie.

Au bout de cinq semaines environ, la chenille cesse de manger et commence à filer la soie dont elle se fait un cocon, en forme d'œuf, dans lequel elle se trouve enfermée et où elle change d'aspect. En effet, elle y diminue de longueur, s'y fabrique des ailes, puis, brisant sa prison, elle en sort papillon : elle est devenue insecte parfait.

La métamorphose est achevée. A son tour, ce papillon peut pondre des œufs semblables à celui dont il est sorti, et ces œufs donneront naissance à d'autres chenilles qui elles-mêmes deviendront insectes parfaits, c'est-à-dire papillons.

La Soie et les Tissus de soie

47. — Le ver à soie fait la soie avec une matière qui se produit dans son corps. Cette matière, qui ressemble à de la cire fondue, sort près de sa bouche par un tout petit tube nommé *filière*, et se durcit aussitôt à l'air.

MAURICE. — Mais si le papillon brise son cocon pour en sortir, il me semble que la soie doit se trouver rompue en beaucoup de points et ne peut être utilisée?

— Votre observation est fort juste : il en serait évidemment ainsi si l'on n'avait la précaution d'*étouffer l'insecte* dans sa prison de soie lorsqu'il est encore à l'état de chrysalide.

Pour détruire la chrysalide, il suffit de plonger le cocon dans l'eau chaude; il n'y a plus alors qu'à *dévider le fil*, c'est-à-dire à le dérouler. Ce travail se fait, avec une grande rapidité, en réunissant plusieurs fils qu'on tord ensemble.

Ainsi préparée, la soie sert à fabriquer de beaux tissus appelés *étoffes de soie* ou *soieries*.

LES ARAIGNÉES

Leur Soie

48. — Les vers à soie ne sont pas les seuls animaux qui filent de la soie ; les araignées, elles aussi, sont des fileuses habiles. Vous connaissez bien les toiles délicates et légères de l'araignée ?

ADOLPHE. — Oui, monsieur. En été, dans les jardins, on voit de jolies toiles en forme de rosaces dans lesquelles des mouches et d'autres insectes viennent se prendre.

— Ces toiles, en effet, sont des pièges, les engins de chasse dont se servent les araignées pour prendre les insectes qui deviennent bientôt leur pâture. Les araignées se contentent ordinairement de sucer les parties molles de leur victime, rejetant ou abandonnant ce qui ne leur convient pas.

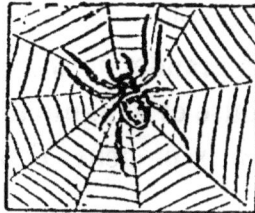

L'Araignée.

La soie des araignées de notre pays est, à vrai dire, bien peu solide ; mais celle de certaines espèces des contrées chaudes, par exemple de l'Inde et de l'île de Madagascar, est assez forte pour servir à la fabrication des tissus. Ces tissus, disons-le, ne sont pas utilisés, car le prix en serait relativement fort élevé. Notons en passant que l'araignée, d'un aspect si peu engageant, est un animal plein de sagacité et d'intelligence.

Avez-vous déjà remarqué, en jouant avec le hanneton, combien cet insecte a de pattes?

MARCEL. — Oui, monsieur; il en a six.

— Parfaitement; et cette observation est d'une grande importance : elle nous permettra de distinguer à première vue les insectes des araignées. Tous les insectes ont six pattes; *les araignées en ont huit*. D'ailleurs, les araignées n'ont pas d'ailes, au lieu que la plupart des insectes en sont pourvus.

La Tarentule.
(Longueur, 0ᵐ,03.)

LÉON. — Monsieur, n'y a-t-il pas des araignées dangereuses?

— Oui, la *tarentule* est une araignée d'Italie et d'Espagne dont la piqûre est assez grave ; et la grande *mygale* du Brésil est une araignée monstrueuse et sanguinaire qui va jusqu'à dévorer les petits oiseaux-mouches dans leur nid.

Questionnaire. — Nommez quelques insectes. — Comment peut-on diviser les insectes? — Nommez des insectes nuisibles; — des insectes utiles. — Les papillons sont-ils nuisibles par eux-mêmes? — Combien les insectes ont-ils de pattes? — et les araignées? — Parlez du ver à soie; — de sa nourriture; — de son produit. — Que savez-vous des araignées?

16ᵉ LEÇON

LES ABEILLES

Le Miel

49. — Nous allons parler des curieuses observations que nous fîmes, dans notre dernière promenade, sur les **abeilles** ou *mouches à miel*, si remarquables par leur travail ingénieux et leur manière de vivre en société.

Abeille mâle.   Abeille femelle.   Abeille ouvrière.

Vous les avez vues se poser sur les fleurs et pénétrer dans la corolle; savez-vous dans quel but elles agissent ainsi?

Martin. — C'est pour se nourrir.

— Votre réponse est juste, mais incomplète. C'est pour boire de toutes petites gouttes d'une liqueur sucrée qui se trouve dans la fleur.

Les abeilles qui boivent ce liquide sucré, sécrété au fond de la fleur, *ne gardent pas tout ce qu'elles prennent*, mais elles en déversent une partie dans les cellules de la ruche. Ce liquide, c'est le **miel**.

Les abeilles récoltent, en outre, une fine poussière, généralement de couleur jaune, appelée *pollen*, pous-

sière que vous avez certainement remarquée dans beau
coup de fleurs, dans le lis, par exemple.

La Ruche

50. —Parlons de la **ruche**, à présent.

Chaque ruche renferme trois sortes d'individus :
l'abeille femelle ou *reine*, les mâles ou *faux-bourdons*
et les *ouvrières*.

JOSEPH. — Qu'est-ce donc, monsieur, qu'une ruche?

— C'est une sorte de panier, de corbeille en paille,
ou de boîte en bois, comme il y en a dans le jardin de
M. Martin, *l'apiculteur*.

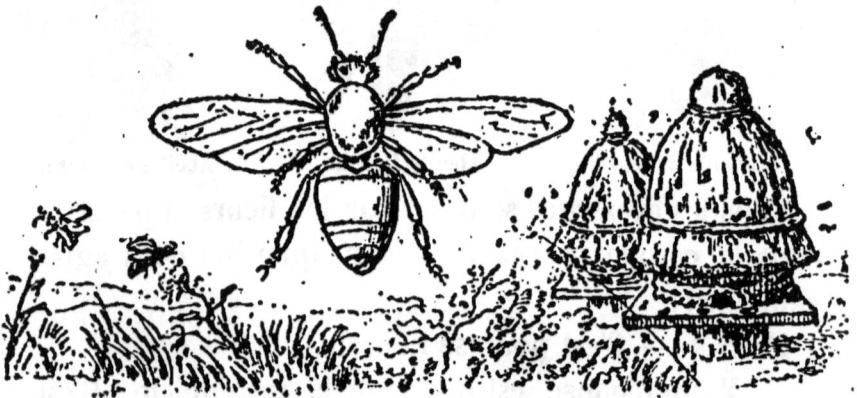

Les Ruches.

Vous avez déjà vu les abeilles à l'œuvre quand le
soleil brille. Ah! les vaillantes ouvrières, les bonnes
ménagères! elles vont et viennent, se croisent, passent
et repassent, profitant du beau temps pour faire leur
provision; les unes apportent du miel, les autres du
pollen. S'il vous eût été permis de voir ce qui se passe
dans la ruche, vous eussiez été bien étonnés! Mais il ne

faut pas trop se risquer près d'une ruche. Les abeilles ne sont point méchantes ; elles piquent pourtant si on ose les troubler, et leur piqûre peut être dangereuse. De même que les bons élèves, les abeilles ne veulent être dérangées dans leur travail, pas plus que dans leur repos.

— Marcel, il me semble, a une question à me faire.

MARCEL. — Est-ce que les abeilles ne piquent pas M. Martin ? Il les dérange cependant pour prendre le miel de la ruche.

— Non, mon enfant, elles ne le piquent pas ; mais elles le piqueraient certainement s'il n'avait soin de se garantir de leurs dards au moyen d'un vêtement spécial. Sa figure et ses mains, comme les autres parties du corps, se trouvent ainsi à l'abri des piqûres de l'abeille. En outre, lorsque M. Martin veut s'emparer du miel, il a soin de brûler de la mousse humide près de la ruche et d'en diriger la fumée à l'intérieur au moyen d'un soufflet. En engourdissant l'abeille, cette fumée la rend inoffensive. L'apiculteur retourne la ruche sens dessus dessous, et enlève, avec une sorte de couteau, des planches jaunes nommées *gâteaux* ou *rayons de cire*.

Abeilles au travail. — Les alvéoles.

Ces planches portent des deux côtés un grand nombre de cellules à six faces, appelées *alvéoles*, qui sont d'une forme parfai-

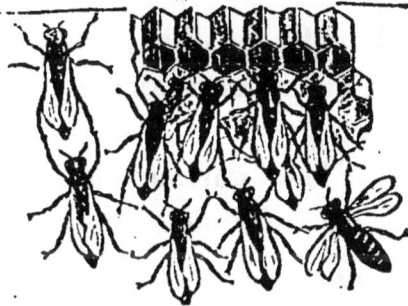

5

tement régulière. Chacun de ces alvéoles contient un peu de ce bon miel dont, pour la plupart, vous êtes si friands.

Pour recueillir le miel, on le fait couler dans des vases, et il n'est besoin d'aucune préparation pour qu'il soit bon à manger; mais on peut l'employer de différentes manières. C'est ainsi que, mélangé avec de la farine de seigle, il donne le *pain d'épice* que vous achetez à la fête du pays.

Le miel enlevé, il reste la *cire*; on la fait fondre, et elle sert à cirer les meubles, les parquets, à fabriquer des cierges et des bougies.

Par ce que nous venons de dire, vous pouvez juger, mes amis, de la grande utilité des abeilles.

Ce n'est pas tout: ces insectes si industrieux, si actifs et si intelligents sont des modèles de prévoyance et d'économie. Les abeilles *vivent en société* dans une entente et un ordre admirables, comme pour montrer à l'homme qu'il ne doit pas vivre isolé.

Outre le pollen et le liquide sucré appelé *nectar*, les abeilles récoltent encore sur les végétaux la *propolis*, substance résineuse brunâtre qui se trouve sur les bourgeons de divers arbres; elle sert aux abeilles à fixer leurs gâteaux au plafond de la ruche et à boucher les fentes de celle-ci.

Questionnaire. — Qu'est-ce qu'une ruche ? — Parlez des abeilles; — du miel. — De quoi sont formés les gâteaux de la ruche? — Que fait-on du miel? — Quel exemple nous donnent les abeilles ?

17ᵉ LEÇON

LES FOURMIS

51. — Comme les abeilles, les **fourmis** *vivent en société* et sont très industrieuses. La fourmi est une petite bête de génie; c'est pourtant un insecte beaucoup plus nuisible qu'utile, bien que quelques observateurs l'aient rangée dans la catégorie des animaux utiles, à cause de la guerre acharnée qu'elle fait à une multitude d'insectes très nuisibles à l'homme. La fourmi est, comme la mouche, d'une importunité intolérable. Attirée par le sucre et par certains mets, elle envahit les garde-manger, touche à tout, infecte tout de ses senteurs caractéristiques.

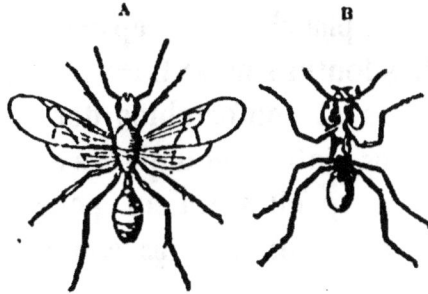

La Fourmi: A, femelle : B, ouvrière.

Vous avez eu, sans doute, l'occasion d'observer dans les haies, dans les bois, de gros amas de brindilles et de fragments de feuilles où logent les fourmis?

ANTOINE. — Oui, monsieur; ce sont des *fourmilières*. Il m'est arrivé d'en démolir une; aussitôt une armée de fourmis est arrivée pour reconstruire l'édifice.

— En effet, ces petits animaux sont d'une activité prodigieuse, surtout quand il s'agit de réparer les brèches faites à leur forteresse.

MARCELIN. — Ce sont donc les fourmis qui ramassent ces débris de toutes sortes où elles logent ?

— Assurément, mon ami; et qu'un pareil travail ne vous étonne point : ces insectes en font bien d'autres. Ah! s'il vous était donné de voir ce qui se passe sous ce tas de brindilles, quelle ne serait pas votre admiration!

Vous y trouveriez des chambres, des corridors, des galeries, des cellules, une ville en un mot. Et cette étonnante cité est l'œuvre des fourmis, qui sont à la fois des architectes, des ingénieurs et des maçons d'une habileté surprenante. Pour la fourmi, un petit brin d'herbe est une grosse poutre, une mince feuille d'herbe est une planche assez épaisse pour former une cloison.

Les fourmis ne se bornent pas à se construire d'ingénieuses et confortables demeures; quelques espèces ont des étables, et dans ces étables des troupeaux, des *vaches*, qu'elles traient pour se nourrir. Ces vaches sont de petits insectes connus sous le nom de *puce-*

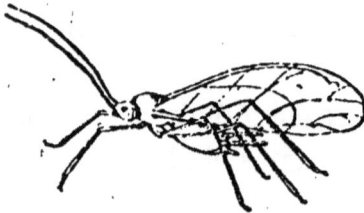

Le Puceron, insecte nuisible.
(Long., 0m,004.)

rons, assez nuisibles eux-mêmes à l'agriculture et vivant sur diverses plantes. Les fourmis portent à leur tête deux petites cornes nommées *antennes.* Elles s'en servent pour caresser, chatouiller les pucerons et leur faire ainsi déverser par deux petits *mamelons* situés à la partie postérieure du corps, de fines gouttelettes d'un liquide sucré dont elles sont très friandes.

Il est même des espèces de fourmis qui prennent soin de leurs pucerons avec une ingéniosité des plus curieuses : les unes établissent un parc où elles se rendent pour les traire ; les autres les entretiennent avec elles dans la fourmilière. Par ce fait, que le grand naturaliste Linné observa le premier, vous voyez quelle preuve de grande intelligence nous donnent les fourmis ; comme les abeilles, elles sont des modèles de vigilance et d'activité.

Si nous quittons nos pays pour nous rendre dans les contrées brûlantes de l'Afrique et de l'Amérique, nous trouverons des fourmis autrement industrieuses et étonnantes que celles de nos régions.

En Afrique, la *grosse fourmi blanche* bâtit des villages entiers, composés de ruches à plusieurs étages, faites d'un ciment résistant et s'élevant jusqu'à un mètre de hauteur. Rien de pittoresque et d'étrange comme l'aspect de ces villages et de ces ruches, qui renferment des cellules et des galeries, des portes d'enclos, des salles communes, des greniers d'abondance.

Fourmi blanche ou Termite.

En Amérique, nous nous trouvons en face de la *fourmi visiteuse*, insecte redoutable. Ces fourmis sortent en colonnes serrées de trois ou quatre mètres de long. Devant elles tout fuit, l'habitant ouvre ses portes et se retire au loin pour laisser un champ libre à cette terrible invasion. Elles entrent, en effet, dans toutes les cabanes et chassent les rats, les souris, les lézards, les scorpions, les serpents, qui s'empressent de battre en retraite devant l'innombrable armée des fourmis. Quand leur œuvre est terminée et qu'elles ont festoyé de la chair des vaincus, les fourmis, dirigées par leur chef, se retirent en bon ordre, et l'habitant rentre dans sa demeure, si vite et si bien débarrassée de toute créature incommode.

Nous venons, mes chers amis, d'étudier le règne animal, c'est-à-dire les animaux : *mammifères, oiseaux, poissons, reptiles, insectes,* etc., qui vivent sur la terre ou dans les eaux. Il nous reste encore à étudier le règne végétal et le règne minéral.

Questionnaire. — En quoi les fourmis ressemblent-elles aux abeilles? En quoi en diffèrent-elles? — Qu'appelle-t-on fourmilière? — Faites la description de la fourmilière. — Parlez des vaches des fourmis. — Que savez-vous des fourmis blanches? — et des fourmis visiteuses?

DEUXIÈME PARTIE

LE RÈGNE VÉGÉTAL

LES VÉGÉTAUX OU PLANTES

52. — Nous allons maintenant parler des êtres dont le bluet nous a servi de type. Quel nom avons-nous donné au bluet?

ADRIEN. — Celui de *plante* ou *végétal*

— Très bien. Les plantes marchent-elles, comme les animaux?

FRANÇOIS. — Non, monsieur.

— C'est juste. Les animaux seulement marchent; et c'est principalement ce qui les distingue des végétaux

Il en est des plantes comme des bêtes : les unes sont utiles, d'autres sont nuisibles ou dangereuses.

Occupons-nous d'abord des premières.

Parmi les plantes utiles, il y en a qui nous servent de nourriture, d'aliments; on les appelle *plantes alimentaires*.

D'autres trouvent leur place dans l'industrie, où on les emploie, par exemple, à la fabrication des tissus ou étoffes; on les nomme *plantes industrielles*.

D'autres enfin sont employées en médecine; elles servent à nous guérir ou tout au moins à nous soulager de nos maux; ce sont les *plantes médicinales*.

Il y a des plantes médicinales dont l'emploi fait sans discernement ou sans mesure pourrait être dangereux; aussi ne doit-on jamais les employer sans l'autorisation du médecin.

PLANTES ALIMENTAIRES

CÉRÉALES

53. — Jules va nous dire quel est le meilleur de nos aliments, celui dont nous usons chaque jour sans jamais nous lasser.

JULES. — Le **pain**.

— Fort bien; mais avec quoi fait-on le pain?

CHARLES. — Avec de la farine de *blé*.

— En effet, la farine du blé est de beaucoup la meilleure, et c'est la plus employée; mais on se sert aussi de la farine d'*orge*, de *seigle*, d'*avoine*, de *maïs*, de *sarrasin* ou *blé noir*, de *riz*, etc.

Nous l'avons dit, toutes les plantes employées comme *aliments* sont dites *alimentaires;* mais celles que nous venons de citer comme servant à la

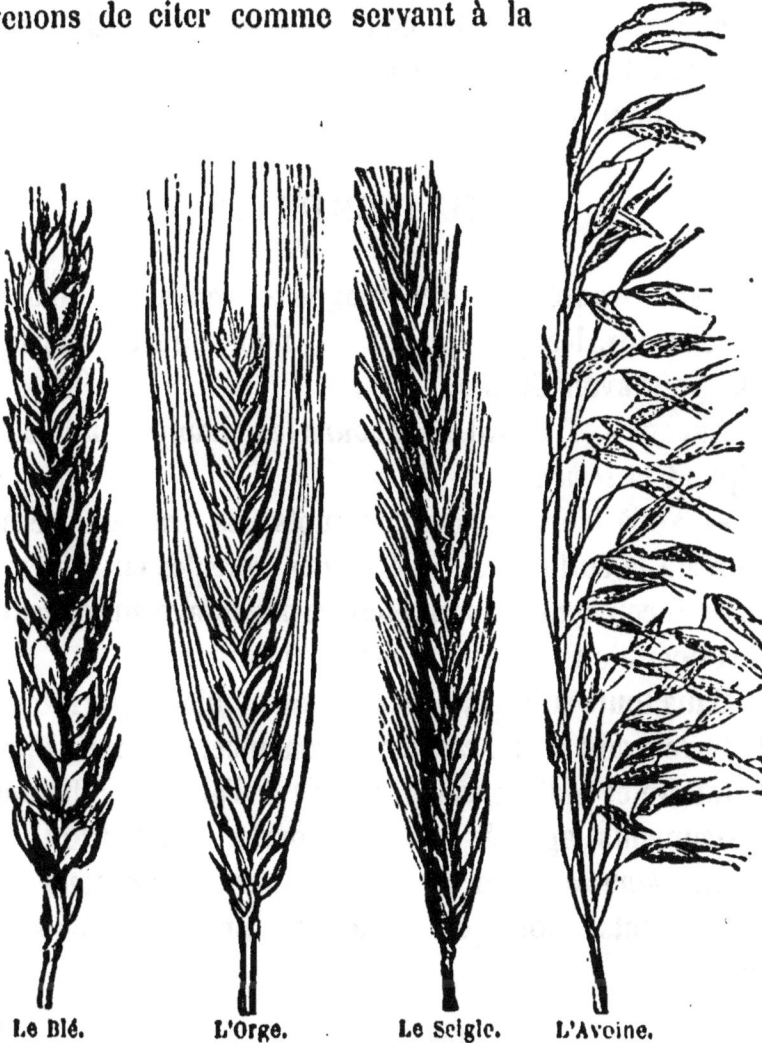

Le Blé.   L'Orge.   Le Seigle.   L'Avoine.

fabrication du pain sont désignées sous le nom spécial de **céréales**.

Le blé étant la plus importante et la plus répandue

de nos céréales, nous allons parler des travaux successifs que le cultivateur exécute pour l'obtenir. Les autres céréales cultivées en France réclamant à peu près les mêmes soins que le froment, il nous suffira de savoir ce que celui-ci coûte de travail pour nous faire une idée de la valeur du pain.

LA CULTURE DU BLÉ

54. — André, qui accompagne souvent son père dans les champs, les jours de congé, nous dira ce que l'on fait pour avoir du blé.

ANDRÉ. — D'abord on *laboure* les champs ; puis on y répand la *semence*.

— Voilà bien, en peu de mots, les travaux nécessaires à la culture du blé et des céréales en général ; mais il convient de nous étendre davantage sur chacune des opérations qu'André vient d'indiquer.

Dans toute culture, on commence toujours par remuer la terre avant de lui confier la semence. Ce travail préparatoire et indispensable se fait à l'aide de différents instruments, appelés **instruments aratoires.**

La *charrue* étant le plus important de tous ces instruments, nous en parlerons presque exclusivement.

La Charrue

55. — Chacun de vous a déjà eu l'occasion de voir une charrue ; mais pour bien connaître la charrue il faut en examiner le mécanisme. André va nous en faire la description.

ANDRÉ. — Une **charrue** comprend plusieurs parties: le *soc*, le *versoir* ou *oreille*, un couteau nommé *coutre*, le *talon* ou *sep*, l'*age* ou *flèche*, les *mancherons*.

— Oui, et chacune de ces différentes parties remplit un rôle particulier et distinct.

Le **soc** est une pièce de fer *aciéré* qui entame le sol

Charrue.

et en détache une bande de terre que retourne le **versoir**. Ce dernier peut être en bois, en fer ou en fonte.

Le **coutre** est une lame de fer adaptée à l'age; il coupe verticalement la bande de terre que le soc a coupée horizontalement.

Le **sep** glisse dans la raie ouverte par le soc et supporte tout l'instrument. En arrière se trouvent les *mancherons*, que tient le laboureur pour diriger la charrue; ils sont fixés à l'age, auquel on attelle les bêtes de trait.

Il existe bien des espèces de charrues; mais un bon laboureur peut faire d'excellente besogne avec n'importe quel système.

Nous connaissons maintenant la charrue, les parties qui la composent, et le rôle de chacune de ces parties dans le travail; parlons des labours.

Les labours. — Les semailles

56. — Le **labourage** est le plus important des travaux de l'agriculture; il consiste à ouvrir le sol, à le remuer, à l'*ameublir*, à le débarrasser des mauvaises herbes qui tendent toujours à l'envahir.

Bœufs au labourage.

Les labours se font à diverses époques de l'année, selon les besoins; mais ils ont lieu principalement à deux époques fixes: au printemps et à l'automne.

57. — La terre étant retournée et suffisamment ameublie, on fait les **semailles**.

Cette opération consiste, comme on le sait, à répandre le grain sur le sol. L'homme qui répand la semence est le *semeur*. Ainsi que les principaux labours, les semailles ont lieu surtout au printemps et à l'automne;

c'est pourquoi l'on dit: les *semailles du printemps* et les *semailles d'automne*.

Je demanderai à Jules si les grains, répandus par la main du semeur, restent sur la terre.

JULES. — Non, monsieur; on les recouvre au moyen de la charrue ou de la *herse*, sans quoi les oiseaux les mangeraient.

— En effet; de plus, les grains se dessécheraient et seraient perdus si la pluie se faisait longtemps attendre.

Puisque vous avez parlé de la herse, vous pouvez sans doute en faire la description?

JULES. — Oui, monsieur. La **herse** est un châssis en bois ou en fer, armé de dents légèrement recourbées, qui servent à briser les mottes, à arracher les mauvaises herbes et en même temps à recouvrir la semence d'une cou-

Herse.

che de terre pour la soustraire à l'action de la sécheresse et à la voracité des oiseaux.

— Fort bien; j'ajouterai que cette opération faite à l'aide de la herse se nomme **hersage**.

Un bon hersage, de l'avis des cultivateurs, vaut parfois un labour.

LA GERMINATION. — DÉVELOPPEMENT

DE LA PLANTE

58. — Que vont devenir les grains de blé, dans la terre bien préparée par la charrue?

ALFRED. — Les grains *germeront* et deviendront des plantes.

— Oui. L'humidité du sol ramollira ces grains; ils gonfleront, et de chacun d'eux sortira un brin d'herbe: c'est la **germination.**

Et maintenant, si nous examinons un de ces brins d'herbe, nous verrons qu'il se compose de deux parties distinctes: l'une se dirige en bas et s'enfonce dans le sol: c'est la *racine*; l'autre s'élève dans l'air: c'est la *tige,* qui plus tard se terminera par un épi.

On appelle *épi* l'ensemble de tous les grains portés par la même tige du blé.

Une remarque à faire: que les semailles aient lieu à l'automne ou au printemps, la récolte se fait toujours dans l'été qui suit ces semailles.

Dans cet intervalle, la plante se développe pour arriver à son état parfait, qui est la *maturité.* Il est souvent nécessaire de lui donner des soins dans le courant de l'année.

Si les mauvaises herbes envahissent le champ, il faut les arracher; c'est ce qu'on appelle *sarcler,*

Cette opération peut se faire avec la herse, qui a l'avantage d'ameublir le sol et de favoriser ainsi le développement de la plante.

Binettes.

Questionnaire. — Les plantes marchent-elles, comme les animaux? — Les plantes ont-elles toutes la même valeur pour l'homme? — Comment peut-on les diviser ? — Avec quoi fait-on le pain? — Qu'appelle-t-on céréales? — Quels travaux exécute le cultivateur pour avoir du blé? — Qu'appelle-t-on instruments aratoires? — Citez-en quelques-uns. — Faites la description de la charrue; — de la herse. — Parlez des labours; — des semailles. — Qu'entendez-vous par le mot germination? — Quels soins réclame la culture des céréales?

<hr/>

19e LEÇON.

LA MOISSON

59. — Nous venons de passer en revue les différents travaux que réclame la culture du blé et des céréales en général.

C'est le moment de nous occuper de *la récolte*, qu'on a spécialement appelée la **moisson**. Elle se fait à des époques variables, suivant l'espèce de céréale et le climat du pays ; en France, elle a lieu dans les mois de juillet et d'août.

Le blé étant mûr, on le *moissonne*, c'est-à-dire qu'on le coupe à l'aide d'instruments appelés *faucilles, faux, sapes* et *moissonneuses*.

La **faucille**, connue depuis bien des siècles, est une lame d'acier recourbée en forme de fer à cheval.

Faucille.

D'une main le *moissonneur* saisit une poignée de blé, qu'il coupe avec la faucille, tenue de l'autre main. Le blé est alors mis en petits tas ou *javelles*, que l'on réunit ensuite pour en faire des *bottes* nommées *gerbes*.

Le travail à la faucille est pénible, car il oblige les ouvriers à se tenir fortement courbés ; de plus, il est très lent, mais il a l'avantage d'être mieux fait que par tout autre procédé.

La **faux** employée à couper le blé est la même que celle dont on se sert

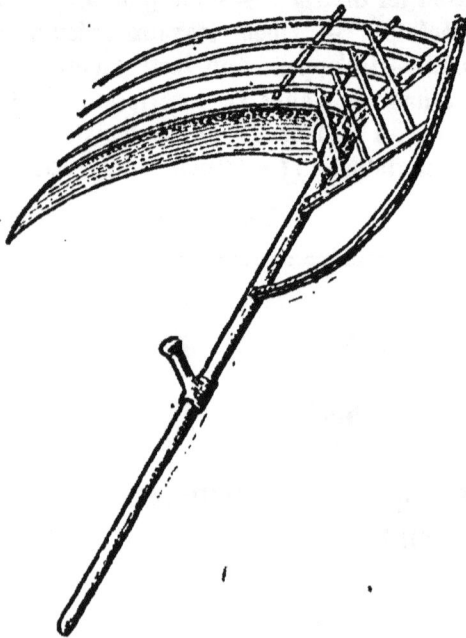

Faux (avec râteau pour les céréales).

pour faucher l'herbe des prairies, sauf qu'elle est surmontée d'une sorte de râteau empêchant les épis coupés de tomber et de s'éparpiller dans tous les sens.

La faux a l'inconvénient de faire perdre du grain, quand le blé est bien mûr et l'épi bien sec.

La **sape** est une petite faux à manche court, qui remplace avantageusement la faux ordinaire.

Enfin, dans les grandes exploitations, pour faire beaucoup de besogne et économiser les bras, on se sert de machines dites **moissonneuses**, tirées par des chevaux.

Quel que soit l'outil employé, il faut toujours lier le blé en gerbes pour le transporter à la ferme.

La rentrée des céréales se fait à l'aide de voitures appelées *charrettes*. Les gerbes sont mises en tas, soit dans la cour, soit dans la *grange*.

Sape et son crochet.

Quelle joie pour le cultivateur quand les céréales se trouvent rentrées à la ferme! Les rudes travaux, qui ont duré une année entière, touchent à leur fin; plus d'orages, de pluies continuelles, de grêle meurtrière à redouter. Il est là, sous sa main, cet épi béni et précieux qui lui coûta tant de labeur, de persévérance et de soucis!

Que reste-t-il à faire maintenant? vous le savez tous, mes amis, il s'agit de séparer le grain de la paille.

LE BATTAGE ET LE VANNAGE

60. — Pour séparer le grain de la paille, il faut *battre* le blé.

Raoul pourrait-il nous dire de quelle façon s'opère le **battage**?

RAOUL. — Oui, Monsieur. On s'y prend de plusieurs manières. On se sert du *fléau*, ou d'une machine appelée *batteuse*.

— Très bien, mon enfant. Quel que soit le mode de battage, on le pratique à différentes époques de l'année, suivant l'usage du pays: ici le battage a lieu *en plein air*, aussitôt après la moisson; là il se fait *dans la grange* et principalement en hiver.

Occupons-nous d'abord du battage au **fléau**, le seul

Le Fléau.

mode qui ait été employé pendant longtemps. Savez-vous comment on procède?

JULES. — Voici ce que j'ai vu faire. On choisit un emplacement convenable pour établir l'*aire*, c'est-à-dire le terrain sur lequel on étendra le blé. Le blé étant alors disposé sur l'aire, plusieurs *batteurs*, armés d'un fléau, frappent à tour de rôle sur les épis.

— C'est cela.

LÉON. — Comment est-ce fait un fléau?

— Nous allions justement le dire. Le fléau est en bois et composé de deux pièces attachées l'une à l'autre au moyen de courroies : l'une est le manche, long bâton que le batteur tient des deux mains; l'autre, bâton plus gros et plus court, bat les épis pour les égrener.

A l'aide d'un râteau et d'un large balai, que l'on promène doucement sur le grain, on enlève les *balles* ou *courtes pailles* mêlées au blé, lequel est rassemblé aussitôt en tas, en attendant qu'il soit mieux nettoyé.

Tel est le mode de battage le plus ancien ; mais il en est d'autres aujourd'hui qui permettent d'opérer bien plus vite.

Par l'emploi de **batteuses**, mises en mouvement soit par des animaux, soit par la vapeur, le travail se fait avec une rapidité étonnante et avec une aussi grande perfection qu'au moyen du fléau.

Quand le grain est séparé de la paille, il s'agit de le nettoyer. Cette opération délicate consiste à le secouer dans une sorte de corbeille appelée *van:* c'est là le **vannage**. Le

Le Van.

grain ainsi approprié est porté au grenier en attendant sa destination.

: Pour nettoyer le grain on emploie aussi une machine appelée *tarare*, qui permet d'aller beaucoup plus vite.

Questionnaire. — Qu'est-ce que la moisson? — A quelle époque de l'année la fait-on dans notre pays? — De quels instruments se sert-on pour couper le blé? — Qu'est-ce qu'une charrette? — En quoi consiste le battage? — De quels instruments se sert-on pour battre le blé? — Qu'est-ce qu'un fléau? — Qu'est-ce que le vannage? — A quoi sert le tarare?

20ᵉ LEÇON

LA FARINE. — LA MEUNERIE

61. — Le grain étant nettoyé et monté au grenier, pourriez-vous, Albert, me dire à quoi il servira?

ALBERT. — Le grain servira à faire du pain; mais on en réserve une certaine quantité pour la semence, afin d'obtenir une nouvelle moisson.

— Parfaitement; occupons-nous du grain qui doit être converti en pain.

Si nous écrasons un grain de blé, nous remarquons qu'il se compose de deux parties, l'une extérieure grossière et jaunâtre: c'est l'*écorce*, qui donne le **son**; l'autre intérieure et blanche : c'est la **farine**, employée à la fabrication du pain, base de notre nourriture.

Pour être converti en farine, le blé est porté au **moulin**, où le *meunier* le *moud*. Les moulins sont mis en mouvement soit par le vent, soit par l'eau, soit par la vapeur; de là les trois catégories de moulins : à *vent*, *à eau, à vapeur.* Dans tous les cas le travail est le même. Voici comment se pratique l'opération :

Deux meules en pierre très dure sont placées l'une sur l'autre, et assez rappro- chées. Au-dessus de ces deux meules se trouve une sorte de boîte nommée *tré- mie*, dans laquelle le meu- nier verse le blé. Par une ouverture située au fond de la trémie le blé tombe dans un large trou pratiqué au milieu de la meule de

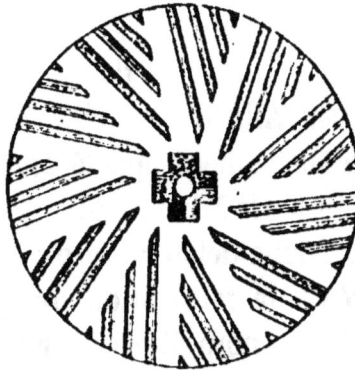

Meule de moulin.

dessus, et c'est ainsi qu'il arrive sur celle de dessous, qui ne bouge pas. La meule supé- rieure seule tour- ne. Ce mouve- ment de *rotation* produit l'écrase- ment du grain.

On a alors un mélange de farine et de son, qui doit être *tamisé.* Gas- ton peut-il nous

Le tamisage.

dire en quoi consiste le **tamisage?**

GASTON. — A séparer la farine du son, ces deux pro- duits des grains de blé écrasés par la meule.

— C'est bien. L'instrument employé à cette besogne se nomme *tamis*. C'est une sorte de boîte ronde, dont le fond est formé d'une toile en crin ou en soie; on y dépose le mélange de farine et de son, tel qu'il provient de la meule. La farine seule est assez fine pour passer au travers de la toile du tamis; le son reste dessus. Afin d'aller plus vite, on se sert aujourd'hui d'un instrument appelé *blutoir*, et le travail ainsi fait se nomme le **blutage**.

La farine débarrassée du son, blanche et fine, est employée à la fabrication du pain; et le son est une excellente nourriture pour les animaux.

C'est ainsi, mes enfants, que rien n'est perdu dans les produits de la moisson. La paille aussi a son emploi : elle sert de litière aux bêtes de la ferme, auxquelles on la donne encore comme nourriture.

LE PAIN. — LA BOULANGERIE

62. — Marcel, dont les parents font leur **pain** eux-mêmes, va nous dire quelles matières ils emploient dans cette fabrication.

MARCEL. — De la farine et de l'eau. Ils y ajoutent un peu de sel, qui donne du goût à la pâte.

— C'est bien cela. Dans beaucoup de campagnes, le pain est fabriqué chez les cultivateurs, comme chez Marcel. Il est généralement moins blanc et moins agréable au palais que le pain préparé par le boulanger ; mais, en revanche, il est plus nourrissant : c'est le pain dit *de ménage*.

Le travail de fabrication étant à peu près le même dans les deux cas, nous allons assister au travail du **boulanger**.

Le voici à l'œuvre. Il dispose d'abord le *levain*, qui est ordinairement de la pâte aigrie provenant d'une opération précédente. Ce levain a pour but de faire gonfler la pâte et de la rendre plus légère.

La quantité de farine que l'on veut convertir en pain a été placée dans une sorte de coffre appelé *huche*, *pétrin* ou *maie*. Au milieu du tas de farine, on pratique un creux dans lequel on délaye le levain avec de l'eau tiède et une partie de la farine, le tiers environ. On recouvre cette pâte d'une toile et on la laisse en repos environ une demi-journée. On la délaye de nouveau, toujours avec de l'eau tiède, en ayant soin d'y mêler peu à peu toute la farine que l'on veut employer. On ajoute à ce mélange — Marcel l'a dit — un peu de sel pour donner de la saveur au pain.

Quand toute la pâte est bien brassée, bien pétrie, on la divise en portions nommées *pâtons*. Les pâtons sont ensuite placés dans des corbeilles garnies de toile à l'intérieur, où ils finissent de se gonfler. Il se forme alors dans la pâte une quantité de petits trous, produits par la fermentation et bien connus sous le nom d'*yeux* du pain.

Pendant ce temps, le four est chauffé, soit avec des fagots, soit avec des bûches de bois tendre, de sapin, par exemple. Quand la chaleur est jugée suffisante, on retire la braise du four, dont on nettoie soigneusement l'aire pour y mettre le pain au moyen d'une pelle à long manche. Cela s'appelle *enfourner* le pain. La cuisson achevée, le pain est retiré du four.

Mais revenons au pétrissage. Il se fait ordinairement à force de bras; cependant on commence à se servir d'appareils nommés *pétrins mécaniques*; de cette manière la besogne se fait plus vite et aussi bien, sinon mieux, qu'à force de bras.

Vous voyez, mes amis, quels travaux pénibles et lents, minutieux et divers, exige ce morceau de pain qui constitue votre goûter. Le proverbe a raison, qui dit : « On n'a rien sans peine. » Vous aussi, comme le laboureur, vous récolterez, en un beau jour de moisson, le fruit de votre travail. Si vous avez beaucoup semé dans un sol bien préparé, vous récolterez beaucoup, votre moisson sera abondante.

Rappelez-vous ces deux vers du bon La Fontaine :

> Travaillez, prenez de la peine:
> C'est le fonds qui manque le moins.

Disons un adieu respectueux et sympathique à la petite bouchée de pain, au grain de blé, pour aborder d'autres plantes alimentaires.

LA POMME DE TERRE OU PARMENTIÈRE

63. — Le pain, avons-nous dit, est la base de notre alimentation; mais, comme nous avons besoin d'une nourriture variée, nous la demandons non seulement aux céréales, mais aussi à d'autres plantes alimentaires. Je prierai Jules de nous en citer quelques-unes.

JULES. — La **pomme de terre**, les haricots, les pois, les choux, les carottes, les navets, etc.

— Fort bien. Vous avez eu raison de citer la pomme de terre en première ligne, car sa place d'honneur se trouve immédiatement après le blé. Elle est presque la seule nourriture du pauvre dans certains pays, sans compter qu'elle est également recherchée sur la table du riche.

Il y a un siècle à peine que la pomme de terre est répandue en France et même en Europe. Elle existait à l'origine en Amérique seulement, où elle n'était l'objet d'aucune culture et était considérée, avec raison, comme une plante dangereuse. Depuis, la culture lui a enlevé toute propriété malfaisante.

Un Français, nommé **Parmentier**, parvint, non sans de grandes difficultés, à la faire accepter dans sa patrie comme plante alimentaire.

Aujourd'hui, la pomme de terre est, dans beaucoup de pays, l'objet d'une culture importante.

En souvenir de Parmentier, on l'appela *parmentière*, et c'est le nom qu'elle porte encore aujourd'hui dans certaines localités.

La pomme de terre a l'avantage de s'accommoder de tous les terrains, et par cela même il est peu de plantes dont la culture soit aussi facile.

ANDRÉ. — Comment reproduit-on la pomme de terre?

— On en plante une comme celles que nous mangeons. De chacun des trous visibles à sa surface il sort une ou plusieurs pousses, nommées *fanes*, qui

Une Pomme de terre
(tubercule).

La Pomme de terre
(plante).

s'élèvent dans l'air et portent des fleurs, auxquelles succèdent de petites boules ou *baies*. Ces baies sont les fruits, qu'il faut bien se garder de manger, car ils renferment du poison.

Louis. — S'il en est ainsi, la pomme de terre n'est donc pas le fruit de la plante?

— Non; ce n'est pas un fruit, ce n'est même pas une racine, mais un *tubercule*, une tige souterraine.

André. — Mais, monsieur, d'ordinaire c'est dans le fruit qu'est le germe, je pense.

— Certainement. Aussi pourrait-on semer les graines contenues dans les baies; mais on n'obtiendrait alors que de très petits tubercules, et pour en avoir de convenables il faudrait attendre plusieurs années; au lieu qu'en plantant une pomme de terre, la plante est reproduite pareillement et porte de nombreux tubercules semblables à celui qu'on a planté.

Le succès de cette précieuse plante augmente tous les jours; plus nous allons, et plus s'étend, plus s'affermit la place d'honneur que la parmentière occupe dans l'alimentation de l'homme et des animaux.

Honneur donc au Français qui a su doter sa patrie d'une plante aussi précieuse, et qui, par ce service insigne, qui se renouvelle chaque année, a fait plus pour son pays que s'il avait conquis des empires!

Questionnaire. — Que fait-on du grain que l'on a séparé de la paille? — Qu'est-ce que la farine? — le son? — Parlez du moulin. — Parlez du tamis; — du tamisage; — du blutoir. — Comment fabrique-t-on le pain? — Pourquoi met-on du levain dans la pâte? — Que veut dire enfourner? — Qu'appelle-t-on pétrin? — Quelle plante alimentaire peut-on mettre au premier rang après les céréales? — Quelle est sa patrie? — Qui parvint à la faire apprécier en France? — Quel nom lui donne-t-on dans certaines localités?

21ᵉ LEÇON

LES BOISSONS

LA VIGNE ET LE VIN

64. — Nous venons de nous occuper du pain et de la pomme de terre, qui sont des *aliments solides*; nous allons parler maintenant des *aliments liquides*, désignés sous le nom de **boissons**. Ernest pourrait-il en citer quelques-unes?

ERNEST. — L'eau, le vin, le cidre, la bière.

— Très bien. Nous ne dirons rien de l'*eau*, boisson que nous trouvons toute prête. Et cela nous permettra de nous étendre sur les autres boissons.

La Vigne

65. — Dites-nous donc, Émile, avec quoi l'on fabrique le vin.

ÉMILE. — Le **vin** se fabrique avec le **raisin**, fruit de la vigne.

— Veuillez nous faire la description de la vigne.

ÉMILE. — La **vigne** est une plante, un arbrisseau grimpant, que l'on cultive sur les pentes des coteaux. Dans les champs, chaque pied porte le nom de *cep*; dans les jardins, les ceps, plus développés, et élevés contre un mur ou un treillage, forment une *treille*.

Chaque année on *taille* la vigne, c'est-à-dire qu'on en coupe les rameaux.

— Tout cela est exact. Sans cette précaution, la grappe serait petite, le grain chétif, et le jus peu abondant.

Les branches de vigne sont trop faibles pour se soutenir d'elles-mêmes; mais elles sont pourvues de vrilles, sortes de mains qui leur permettent de s'accrocher aux objets voisins.

La vigne croît à l'état sauvage dans les bois et les

haies; mais les fruits de la vigne sauvage ne deviennent jamais bien gros et mûrissent difficilement.

La culture de la vigne réclame des soins constants et minutieux; mais, en revanche, la plante s'accommode

La Vigne. — Le Raisin.

des plus mauvais sols et semble préférer les terrains pierreux à tous les autres.

Malheureusement la vigne est sujette aux maladies, comme aux fréquents ravages de certains insectes,

notamment d'un papillon nommé *pyrale de la vigne.* Un
autre insecte, un puceron d'une petitesse extrême, le
phylloxera, est le fléau des vignes, qu'il attaque dans

La Pyrale.

Le Phylloxera (long. 0ᵐ,001) :
A, phyll. ailé ; B, sa larve.

leur racine même. Depuis quelques années ce terrible
insecte a dévasté les plus beaux vignobles de France.

AUGUSTE. — Je ne sais pas ce que c'est qu'un vignoble.

— Charles va nous le dire, n'est-ce pas?

CHARLES. — Oui, monsieur. Un **vignoble** est une
étendue de pays plantée de vignes. Les plus célèbres de
la France sont ceux du *Roussillon,* du *Bordelais,* de la
Bourgogne et de la *Champagne.*

— Très bien. A votre tour, Marcel. Les raisins ont-ils
tous la même couleur?

MARCEL. — Non, monsieur; les uns sont blancs, les
autres noirs. Il y a aussi deux sortes de vins, le *blanc*
et le *rouge.*

— En effet; mais si les raisins *blancs* donnent seulement du vin blanc, les autres peuvent en produire des
deux couleurs. Nous verrons dans un instant comment cela se fait.

La Vendange

66. — Vous savez, Maurice, à quelle époque de l'année les raisins sont mûrs?

MAURICE. — A la fin de septembre et au plus tard au mois d'octobre. On les récolte alors; c'est la **vendange**. J'ai vu les vendangeurs à l'œuvre, chez mon oncle.

— Eh bien, parlez-nous un peu de la cueillette des raisins.

MAURICE. — Des hommes, des femmes, des enfants même, armés d'un couteau à lame recourbée en forme de faucille et nommée *serpette*, ou d'un *sécateur*, détachent les raisins du cep et les déposent dans un panier ou dans un baquet.

D'autres ouvriers, appelés *porteurs* ou *hotteurs*, se rendent auprès des vendangeurs, qui versent dans leur hotte le contenu des paniers;

Serpette.

les raisins sont ainsi portés dans de grandes cuves placées sur des voitures au bord de la vigne; les cuves pleines, on les conduit au pressoir.

— Savez-vous ce qui se passe ensuite?

MAURICE. — Je sais qu'on écrase le raisin pour avoir du vin; mais c'est tout ce que je sais, car je n'ai pas assisté à cette opération.

— Alors, nous allons vous la faire connaître.

Le Vin

67. — La fabrication du vin différant un peu d'un pays à l'autre, nous dirons en quoi elle consiste généralement.

Les raisins sont mis dans de larges bassins peu profonds, dont l'aire est légèrement en pente.

Des hommes, pieds nus, ou chaussés de sabots, les écrasent en marchant dessus; ou bien, chez les grands vignerons, le raisin se foule mécaniquement : c'est le **foulage.** Par un trou pratiqué au fond du bassin, le jus de la grappe s'écoule, et les *pellicules* ou petites peaux restent avec la *rafle,* c'est-à-dire avec les autres débris de la grappe. Tout ce résidu porte le nom de **marc.**

Le jus, reçu dans des baquets, est porté dans des *cuves,* grands réservoirs souvent en chêne, et dont la capacité est ordinairement celle de vingt barriques ordinaires.

Le liquide, nommé **moût** ou *vin doux,* est trouble et très sucré; mais ensuite il se produit une **fermentation** semblable à celle de la pâte mélangée au levain : le **sucre se transforme en alcool** et le moût se change en véritable **vin.**

La fermentation commence aussitôt que l'encuvage est fait; mais elle n'est appréciable que le deuxième jour. Le moût s'échauffe, et le marc, montant à la surface de la cuve, forme ce que les vignerons appellent le *chapeau;* on dit que le vin *bout.* Dès que le vin a cessé de bouillir, on procède au **décuvage,** opération qui consiste à retirer le vin de la cuve pour le mettre dans des tonneaux.

Quand les tonneaux sont remplis, on les place dans des bâtiments frais nommés *chais* ou *celliers,* où la fermentation continue. Les tonneaux sont imparfaitement bouchés ; autrement les gaz qui se dégagent les feraient éclater. Un linge mouillé appliqué sur l'ouverture remplace donc la *bonde*. Dans certaines localités, on se borne à mettre une feuille de vigne sur laquelle on place une pierre plate pour la maintenir.

Une forte écume sort par le trou de bonde. On est alors obligé de remplir le tonneau de temps en temps.

Les impuretés tombent au fond du tonneau et forment la *lie*. Le vin devient clair.

EDMOND. — Et que fait-on du marc resté dans la cuve ?

— On le porte au *pressoir*, pour en extraire le peu de jus qui y reste, et dont on obtient un vin inférieur au premier. Le marc, presque épuisé, est ensuite additionné d'eau, puis passé de nouveau au pressoir ; il en sort une boisson nommée *piquette*.

PAULIN. — Comment fait-on pour obtenir du vin blanc avec des raisins noirs ?

— Nous allions justement le dire. Il suffit de séparer le jus d'avec le marc **aussitôt le foulage terminé,** car la matière colorante est tout entière dans la pellicule du raisin et dans la rafle.

Dans presque tous les pays vignobles on *soutire* le vin à la fin de l'hiver. Cette dernière opération, qu'on appelle **soutirage,** consiste à changer le liquide de tonneau, parce que, en restant en contact avec la lie, le vin pourrait se gâter.

Questionnaire. — Qu'appelle-t-on boissons ? — Citez-en quelques-unes ? — Avec quoi se fabrique le vin ? — Quelle plante produit le raisin ? — Faites la description de la vigne, et dites où on la cultive. — Quels sont les plus grands ennemis de la vigne ? — Qu'est-ce qu'un vignoble ? — Citez les principaux vignobles de France. — Comment nomme-t-on la cueillette des raisins ? — Parlez de la vendange. — Parlez de la fabrication du vin. — Que se produit-il lors de la fermentation du moût ? — Qu'est-ce que le marc ? — En quoi consiste le soutirage ? — Pourquoi le pratique-t-on ?

22ᵉ LEÇON

LES POMMES ET LE CIDRE

68. — Dès lors que vous connaissez la fabrication du vin, vous comprendrez aisément celle du cidre et celle de la bière. Les procédés, en effet, sont à peu près les mêmes.

Savez-vous, Paul, quels fruits produisent le **cidre ?**

PAUL. — Oui, monsieur ; ce sont les **pommes.**

— Parfaitement. Dans certaines parties de la France, où la température n'est pas assez chaude pour amener la maturité du raisin, on utilise le fruit du pommier pour faire une boisson appelée *cidre.*

La Pomme.

Les pommes à cidre, généralement acides et amères, donnent un cidre bien supérieur à celui que fourniraient les pommes de table.

Voici comment on procède dans la fabrication du cidre :

Les fruits, détachés en secouant les arbres ou en les frappant avec une grande gaule, sont mis en tas dans les champs, puis écrasés à l'aide d'un petit moulin, mis en mouvement par deux hommes au moyen de manivelles. Ces pommes sont ainsi converties en une sorte de bouillie nommée *pulpe*, qui est placée ensuite dans de grands baquets. On y ajoute environ vingt-cinq litres d'eau pour huit cents litres de pulpe.

Le jus de la pomme s'obtient en pressant fortement la pulpe entre des lits de paille bien lavée, ou bien entre des nattes de crin, au moyen du pressoir.

On verse ensuite ce jus ou moût, qui est très sucré, dans de grands tonneaux, dont la bonde est généralement remplacée par un simple linge mouillé, comme pour le vin.

De même que pour le vin, il se produit dans le tonneau à cidre une **fermentation qui transforme le sucre en alcool.** Les débris de pommes qui sortent avec le jus tombent au fond du tonneau et forment, comme vous le savez déjà, un dépôt connu sous le nom de *lie*.

Telle est la fabrication du cidre. Il n'y aura plus maintenant qu'à le soutirer quand il sera devenu clair. Je n'ai pas besoin de vous dire que *soutirer* le cidre, c'est le transvaser en laissant au fond du premier tonneau la lie, qui pourrait en troubler la limpidité.

Le cidre est une boisson excellente, rafraîchissante et peu coûteuse.

On fabrique aussi une boisson de ce genre avec des *poires* ; dans ce cas, elle prend le nom de **poiré**.

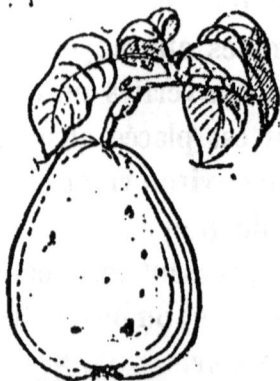
La Poire.

Les départements français où l'on fabrique le plus de cidre sont : la Seine-Inférieure, le Calvados, l'Orne, la Manche, la Somme, le Nord, le Pas-de-Calais, les Côtes-du-Nord, le Finistère, et, dans une autre région, la Creuse, etc.

De tous les cidres qui se fabriquent en France, les plus renommés sont ceux de la Normandie; et de tous les cidres normands, les plus appréciés sont ceux de la vallée d'Auge, dans le Calvados.

LA BIÈRE. — LE HOUBLON

69. — Savez-vous, Max, avec quoi l'on fabrique la *bière*?

MAX. — Non, monsieur.

RAOUL. — La **bière** est fabriquée avec des *grains d'orge* et des *fruits de houblon*.

— C'est cela. Vous savez tous que l'orge est une céréale; nous n'avons pas à la décrire, nous nous occuperons seulement du houblon.

Le **houblon** est une plante grimpante à grandes feuilles et à tige sarmenteuse. Trop faible pour s'élever sans appui, cette tige s'enroule autour des branches d'arbre qu'elle rencontre.

Le houblon croît spontanément dans les haies, spécialement dans les lieux frais et humides. Les fruits sont d'abord disposés en chatons, et à la maturité ils ont la forme de *cônes*. On cultive cette plante en grand dans le nord et le nord-est de la France.

Le Houblon.

Les champs ensemencés de houblon se nomment *houblonnières*. Les tiges grimpent en s'enroulant autour de longues perches plantées en terre. Sans l'appui de ces perches, les tiges s'allongeraient sur le sol et donneraient peu ou point de fruits.

Aussitôt que les fruits sont suffisamment développés, on les cueille pour les faire sécher et les employer ensuite à la fabrication de la bière.

Fabrication de la bière

70. — La première des opérations que nécessite la **fabrication de la bière** consiste à arroser des grains d'orge pendant près de vingt jours. Sous l'action de l'eau, ces grains se ramollissent et gonflent, puis de chacun d'eux sort une petite pousse ou *germe*.

L'orge *germée* est ensuite étendue dans des greniers, et remuée de temps à autre afin qu'elle sèche et se débarrasse de ses germes amers. Les grains seuls sont sucrés. Si l'on faisait de la tisane avec des grains d'orge ainsi préparés, elle serait sucrée d'elle-même.

JULES. — Cependant, la bière, au lieu d'être sucrée, est assez amère. Je parle de celle que j'ai bue.

— Toute bière est amère, mon ami ; son amertume lui vient du houblon, qui lui donne aussi une saveur aromatique.

En résumé, nous venons de dire ceci : pour fabriquer la bière, on mouille les grains d'orge, c'est le *mouillage* ; les grains germent, c'est la *germination* ; on les fait sécher, c'est le *séchage*.

Ces trois opérations constituent la **première phase** de la fabrication.

Dans la **seconde phase**, on écrase les grains entre deux meules, et l'on obtient alors un mélange grossier de farine et de son, appelé **malt**.

Le malt est mis ensuite dans de grandes cuves avec de l'eau chaude, et des ouvriers *brasseurs* remuent le mélange avec de grandes pelles de forme particulière.

On obtient ainsi un liquide sucré, nommé **moût** comme le jus de raisin et le jus de pomme. On le fait bouillir ; on *y ajoute des fruits de houblon*, puis on le fait bouillir de nouveau pendant quatre ou cinq heures.

Le liquide est ensuite reçu, pour se refroidir, dans d'immenses cuves dites *refroidissoirs* ou *rafraîchissoirs*.

A ce mélange d'eau, d'orge et de houblon, on ajoute de la levure de bière (1), laquelle détermine dans la masse une sorte de bouillonnement qui est la fermentation. Comme dans le vin et dans le cidre, **cette fermentation transforme le sucre en alcool.**

Le moût alors n'existe plus ; il s'est changé en bière, ayant son amertume et son arome propres.

La bière est une boisson qui peut se conserver assez longtemps. Elle est saine et rafraîchissante, et rend les plus grands services aux peuples du Nord, privés de cette reine des plantes qui se nomme la *vigne*.

Questionnaire. — Comment nommez-vous la boisson faite avec la pomme ? — Qu'est-ce qui caractérise les bonnes pommes à cidre ? — Parlez de la fabrication du cidre. — Qu'est-ce que le poiré ? — Quels départements donnent le meilleur cidre ? — Avec quoi fabrique-t-on la bière ? — Dites ce que vous savez du houblon. — Quelle partie du houblon emploie-t-on ? — Comment fabrique-t-on la bière ? — Dans quelles parties de la France fabrique-t-on le plus de bière ?

(1) *Levure de bière*, écume formée à la surface de la bière en fermentation et dont on se sert comme *levain*.

23ᵉ LEÇON

LES PLANTES FOURRAGÈRES

OU PLANTES ALIMENTAIRES POUR LES ANIMAUX

71. — Après les plantes qui nourrissent l'homme, il est tout naturel que nous nous occupions de celles qui nourrissent les animaux de la ferme.

Si nous allons dans la **prairie**, nous y verrons une foule de plantes qu'on appelle des *herbes*. Les unes poussent librement, sans qu'on ait besoin de s'en occuper : on les dit *spontanées*. D'autres doivent être semées comme le blé; telles sont : la *luzerne*, le *trèfle*, le *sainfoin*, etc.

Toutes ces plantes sont appelées **plantes fourragères**.

Si le cultivateur en fait consommer une partie sur place, à l'état *vert*, cela s'appelle faire *pâturer*. Les herbes qui ne sont pas con-

Le Trèfle incarnat.

sommées de cette manière sont fauchées en mai et en juin pour être séchées. Une fois desséchées, elles constituent le **foin,** que l'on distribue aux animaux de la ferme, surtout en hiver, alors que le mauvais temps empêche de conduire paître, dans la plaine ou sur la montagne, ces précieux auxiliaires de l'homme.

Nous pouvons considérer comme plantes fourragères la *betterave* et la *carotte,* cultivées pour leurs racines, et dont les animaux sont très friands.

Chacune des plantes fourragères a ses propriétés bienfaisantes, et leur mélange bien étudié et bien entendu constitue une nourriture excellente pour le bétail.

LES PLANTES TEXTILES

LE CHANVRE, LE LIN, LES TISSUS

72. — Vous savez déjà, mes enfants, que l'on fabrique des tissus avec des matières animales, telles que la laine des moutons et la soie de la chenille appelée *ver à soie*; mais on en fabrique aussi avec des matières végétales.

Les plantes qu'on emploie à la confection des tissus, et en tête desquelles il convient de citer le *chanvre* et le *lin*, sont appelées **plantes textiles.**

Le **chanvre** et le **lin,** cultivés dans ce but, sont cueillis avant la complète maturité de leurs graines. Dans certains pays on arrache leurs tiges; dans d'autres on les coupe près de terre.

Ces tiges sont ensuite mises dans l'eau et y séjournent une huitaine de jours : c'est le *rouissage*. Dans la plante qui rouit, il se développe une petite algue, un bacille, qui fait que la filasse se détache du bois. L'opération du rouissage étant terminée, on fait sécher la plante au soleil, puis on la broie.

Le *broyage* consiste à écraser la tige au moyen d'un instrument nommé *broie* pour en détacher l'écorce sous la forme de longs filaments : ces longs filaments constituent la *filasse*. Celle-ci est ensuite *peignée*, mise en quenouille et *filée*, c'est-à-dire transformée en *fil*, soit au *fuseau*, soit au *rouet*.

Le filage au fuseau est lent, mais il donne un bon résultat. On ne le pratique plus que dans certaines campagnes où le travail des femmes est peu rétribué.

Le Chanvre.

Le *tisserand* convertit les fils en toile, en les croisant d'une manière régulière.

La toile de *lin* est généralement plus fine que celle de *chanvre*.

Le chanvre et le lin sont à peu près les deux seules plantes textiles cultivées dans notre pays. Il existe pourtant d'autres plantes textiles, en tête desquelles on peut citer l'*ortie*, bien connue de vous à cause de ses douloureuses piqûres. L'ortie, qu'on cultive très peu, qu'on a même trop souvent le tort de détruire, donne des fils très fins et de bonne qualité.

Une autre espèce d'ortie, originaire de Chine et connue sous le nom de *ramie*, tend à se répandre depuis quelques années dans nos contrées. La filasse de cette plante paraît avoir une certaine valeur industrielle.

Le Lin.

Enfin, mes amis, il existe encore une matière végétale des plus importantes et des plus connues qui fournit un tissu très fin : c'est le **coton**, produit du **cotonnier**, petit arbre qu'on cultive en Asie et en Amérique.

Le coton est une espèce de duvet qui enveloppe les graines du cotonnier. Ces graines sont renfermées dans une sorte de coque. Quand les fruits sont mûrs, ils s'ouvrent d'eux-mêmes et laissent échapper, sous forme de *flocons* d'une éclatante blancheur, le duvet précieux, qui est ensuite transformé en fil, puis en tissus de toutes sortes, tels que dentelles, mousselines, etc.

Questionnaire. — Qu'entendez-vous par plantes fourragères? — Citez-en quelques-unes. — Qu'appelle-t-on foin? — Qu'appelle-t-on plantes textiles? — Lesquelles connaissez-vous? — Quelles opérations leur fait-on subir? — Parlez de l'ortie; — de la ramie; — du coton.

24ᵉ LEÇON

LA BETTERAVE. LA CANNE A SUCRE
LE SUCRE

73. — Nous avons déjà cité la **betterave** comme plante fourragère, mais ce n'est pas son seul emploi.

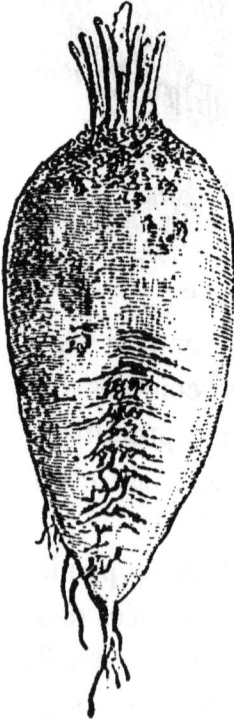

MARCELIN. — J'ai entendu dire qu'elle sert à fabriquer du sucre.

— C'est la vérité. Savez-vous comment on s'y prend pour fabriquer du sucre?

MARCELIN. — Non, monsieur.

— Eh bien, écoutez; mon explication ne sera pas longue. Les betteraves, bien nettoyées, sont râpées et réduites en une sorte de *pulpe*, que l'on presse dans des sacs de toile pour en extraire le *jus*. Soumis d'abord à la cuisson, ce jus de betterave est ensuite filtré, concentré, clarifié; enfin, on le laisse couler dans des moules d'une forme que vous connaissez bien, celle d'un *pain de sucre.*

La Betterave à sucre.

Voilà, mes amis, pour le **sucre de betterave**.

On fabrique également du sucre avec le jus d'un grand roseau cultivé dans les pays chauds et appelé **canne à sucre**. Des ouvriers coupent les tiges près de terre, comme nos moisson-neurs coupent les céréales, et les mettent en bottes ou pa-quets.

Ces tiges sont ensuite broyées à l'aide d'un moulin pour en exprimer le jus sucré, que l'on travaille comme le jus de la betterave. Un champ de cannes à sucre prend le nom de *plantation* et le pro-priétaire s'appelle *planteur*.

Beaucoup d'autres plantes, telles que la citrouille, le maïs, la carotte, le navet, la pomme de terre, etc., renferment

La Canne à sucre.

aussi du sucre, mais en trop petite quantité pour qu'il y ait quelque avantage à l'extraire.

Le sucre est un aliment tonique et fortifiant. Vous connaissez tous sa saveur particulière, vous savez qu'il adoucit les aliments auxquels on l'ajoute.

LES PLANTES MÉDICINALES

ET LES PLANTES DANGEREUSES

74. — Vous devez vous rappeler, mes enfants, comment nous avons divisé les plantes en commençant l'étude du règne végétal.

MAURICE. — Oui, monsieur; les unes sont *alimentaires*, les autres sont *industrielles*, d'autres enfin sont **médicinales**.

— C'est bien cela. Mais il ne faut pas ignorer que les plantes médicinales peuvent se diviser en deux catégories : les *plantes médicinales* **non vénéneuses** et les *plantes médicinales* **vénéneuses**; ces dernières sont dangereuses, puisqu'elles contiennent du poison.

La Sauge.   La Valériane.

Dans la première catégorie se trouvent la *mauve*, la *sauge*, la *valériane*, la *guimauve*, le *sureau*, le *tilleul*, le *lierre terrestre*, la *petite centaurée*, etc.; toutes ces espèces de plantes médicinales peuvent être employées sans aucun danger. La plupart d'entre elles, vous le savez, servent à faire des tisanes bienfaisantes pour combattre telle ou telle maladie ou de simples indispositions.

Dans la seconde catégorie, qui embrasse les plantes médicinales vénéneuses, on trouve : la *jusquiame*, la *petite ciguë*, l'*aconit* et la *belladone*.

L'Aconit tue-chien.   La Ciguë.

Les fruits de la belladone ont déjà causé plus d'un grave accident ; cela provient de leur couleur rouge qui les fait confondre avec certaines cerises.

PIERRE. — Ah ! oui, monsieur ; j'ai lu qu'un enfant avait été empoisonné par le fruit de la belladone. C'est moi qui me garderais bien de manger des fruits que je ne connais pas !

— Vous avez raison, mon ami. D'ailleurs, il est bien facile de ne pas se tromper sur la belladone, plante tout à fait basse, dont la taille ne dépasse guère un mètre et qui, d'ailleurs, ne ressemble en rien au cerisier, dont la taille est élevée.

Citons aussi, parmi les espèces dangereuses, la *stramoine* ou *pomme épineuse*, dont les fruits sont couverts de piquants comme la châtaigne. Enfin, la *petite ciguë* fait aussi quelquefois des victimes, à cause de sa ressemblance avec le persil et le cerfeuil, plantes aromatiques que l'on emploie pour relever le goût de nos aliments. On a vu mourir des lapins qui avaient mangé de la petite ciguë mêlée à d'autres herbes.

Les plantes médicinales vénéneuses ne doivent pas être employées sans l'ordre du médecin.

MAURICE. — Mais, monsieur, c'est bien curieux qu'une plante soit à la fois dangereuse et utile !

— Votre observation est très juste, mon enfant. Mais il est des cas particuliers où certaines maladies exigent l'emploi de telle ou telle plante contenant du poison. Alors, le médecin est seul apte à juger et à dire dans quelle mesure doit être employée la plante médicinale vénéneuse.

Questionnaire. — A quoi sert la betterave ? — Qu'est-ce que la canne à sucre ? — Comment fabrique-t-on le sucre ? — Qu'appelle-t-on plantes médicinales ? — Citez-en quelques-unes. — Comment peut-on diviser les plantes médicinales ? — Citez des plantes médicinales dangereuses.

———

LES JARDINS. LES CHAMPS.

LA PRAIRIE. LA FORÊT

75. — Toutes les plantes cultivées, et celles qui poussent librement, sans le secours de l'homme, sont répandues à la surface de la terre ou dans les eaux.

Nous connaissons surtout celles qui croissent dans les jardins, les champs, les prairies, les forêts, etc.

Tout près de la maison se trouve le **jardin**, qui comprend ordinairement le *potager* et le *verger*.

MANUEL. — Qu'est-ce que le potager?

— Le **potager** est l'enclos dans lequel nous cultivons les **légumes**, tels que : les *choux*, les *salades*, les *épinards*, l'*oseille*, dont on mange les feuilles; les *carottes* et les *navets*, qui fournissent une racine alimentaire; les *haricots* et les *pois*, dont les graines, soit vertes, soit sèches, donnent une saine et abondante nourriture.

Ainsi, comme aliments, les plantes potagères tiennent à notre disposition soit leurs feuilles, soit leurs graines, soit leurs racines.

A côté du potager se trouve le **verger**, où croissent les *arbres à fruits* ou **arbres fruitiers**, tels que le *poirier*, le *pommier*, le *prunier*, l'*abricotier*, etc.

Au printemps, ces arbres se couvrent de feuilles, puis de fleurs, auxquelles succèdent les fruits: pommes,

7

poires, prunes, abricots, etc. La récolte de ces différents fruits se fait en été et en automne.

Dans les **champs** on cultive les *céréales* et certaines *plantes fourragères*.

Les **prés** fournissent des *herbes* qui donnent du *foin*.

Dans la **forêt** se trouvent les plus grands arbres.

Ce que les grands arbres nous donnent

76. — Savez-vous, maintenant, Auguste, ce que l'on nomme **forêt?**

Auguste. — Oui, monsieur; c'est un vaste terrain planté d'arbres.

— Parfaitement. Ces arbres nous donnent du *bois d'ouvrage* et de *chauffage*, c'est-à-dire du bois qu'on façonné et du bois qu'on brûle. Nous pouvons citer en première ligne le *chêne*, appelé le « roi des forêts »; son bois, qui est très dur, sert à faire les parquets, la charpente de nos maisons, ainsi que des meubles d'une grande solidité.

Le *sapin*, moins dur que le chêne, qu'il remplace souvent, est cependant assez durable; il est parfois employé pour établir des parquets, qui se lavent aisément, mais qui s'usent vite.

A côté des arbres forestiers proprement dits nous pouvons ranger le *peuplier* ou *bois blanc*, qui est d'une grande utilité pour la menuiserie légère; le *saule*, qui croît dans les endroits frais ou humides, sur le bord des eaux; puis l'*orme*, le *hêtre*, le *cerisier* et le *noyer*, qui trouvent aussi leur emploi. L'orme et le hêtre sont très estimés pour le charronnage; le cerisier et surtout le noyer rendent de grands services à l'ébénisterie, qui les transforme en bons et solides meubles.

Le Chêne.

Rappelez-vous, mes enfants, que d'une manière ou de l'autre tous les arbres sont utiles.

Nous ne quitterons pas la forêt sans dire un mot du charbon de bois.

LE CHARBON DE BOIS

77. — Tous les branchages détachés des troncs d'arbres servent de bois de chauffage. On en fait aussi du **charbon de bois.**

Dans ce but, le *charbonnier* coupe les branches en bûches d'une certaine longueur, et, sur un terrain bien uni, bien abrité, il dispose ces bûches côte à côte, légèrement inclinées, de manière à former un tas composé de plusieurs assises. La première rangée de bûches est appuyée le long de quatre ou cinq longues perches, plantées dans le sol de la forêt et formant *cheminée*.

Le tas ou *meule* est ensuite recouvert d'une couche de terre qui empêchera le bois de brûler entièrement. Si l'on ne prenait cette précaution, le bois ne donnerait que de la cendre, comme cela arrive dans nos cheminées. On a soin, d'ailleurs, de laisser des ouvertures au bas de la meule pour permettre à l'air de circuler, précaution indispensable, sans laquelle le feu, privé de tirage, ne s'allumerait pas ou s'éteindrait promptement.

Quand la meule est définitivement préparée, on y met le feu en jetant du charbon embrasé dans la cheminée, et on laisse brûler le bois jusqu'à ce que l'on reconnaisse que la carbonisation est complète.

Le charbonnier bouche alors toutes les ouvertures, et le feu s'éteint. Le lendemain ou le surlendemain, il démolit la meule et procède au triage du charbon, en mettant à part les parties insuffisamment brûlées, qu'on nomme des *fumerons* et qui produisent une si désa-gréable fumée dans les fourneaux de cuisine.

Le charbon de bois est d'un usage presque indispen-sable et d'une com-modité indiscuta-ble. Il s'allume avec une grande facilité, brûle sans flamme ni fumée et donne beaucoup de cha-leur.

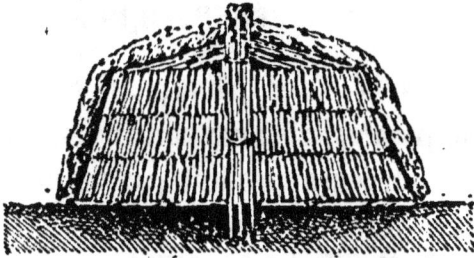

Meule de charbon. (Coupe.)

Aujourd'hui, dans les grandes cuisines, on em-ploie généralement le coke et le char-bon de terre, moins coûteux que le charbon de bois; mais ce dernier

Meule de charbon. (Extérieur.)

restera longtemps la providence des humbles fourneaux des petits ménages.

Questionnaire. — Qu'est-ce que le potager? — le verger ? — Qu'appelle-t-on forêt? — A quoi sert le bois des forêts? — Nommez les arbres que vous connaissez. — Où fabrique-t-on le char-bon de bois? — Parlez de sa fabrication. — Qu'appelez vous fumerons?

26ᵉ LEÇON

LES DIFFÉRENTES PARTIES D'UNE PLANTE

78. — Nous avons passé en revue un certain nombre de plantes, et nous connaissons leur classification, leur utilité, leurs produits; mais nous n'avons pas dit encore de quelles parties se compose un végétal.

Émile, qui est déjà un observateur distingué, va nous l'apprendre, en prenant pour exemple un des beaux pommiers du jardin de son père.

ÉMILE. — Il y a les **racines**, qui s'enfoncent dans la terre, et la **tige**, dont les *branches* se couvrent chaque année de *feuilles*, puis de *fleurs*, auxquelles succèdent les *fruits*.

— C'est cela même, mon ami; et il en est ainsi d'un grand nombre de plantes. Toutes ces parties sont enfermées dans une seule graine, comme vous pouvez vous en convaincre en ouvrant une fève ou un haricot. Dans ces graines se trouve un tout petit corps qui n'est autre chose qu'une plante en miniature.

Si l'on place un haricot dans un verre, sur de la mousse humide, et qu'on l'y laisse durant plusieurs jours, on le voit augmenter de volume et se ramollir, puis se partager naturellement en deux parties, entre lesquelles se trouve la plante naissante, qui peu à peu grandit et devient un végétal semblable à celui dont la graine est sortie.

Vous avez dû remarquer que dans des plantes différentes, et quelquefois sur
le même pied, les mêmes
organes, tels que les feuilles, ne se ressemblent pas
tous. Pour ne prendre
qu'un exemple, comparons
une feuille de vigne et
une feuille de lilas; nous
n'avons pas de peine à
les distinguer l'une de
l'autre.

MARTIN.—Certainement,
monsieur; la première est
découpée et la deuxième
ne l'est pas.

— Très bien; il y a là,
comme dans les autres
organes des plantes, du
reste, une étude très inté-
ressante à faire, mais que
vous n'aborderez que plus
tard.

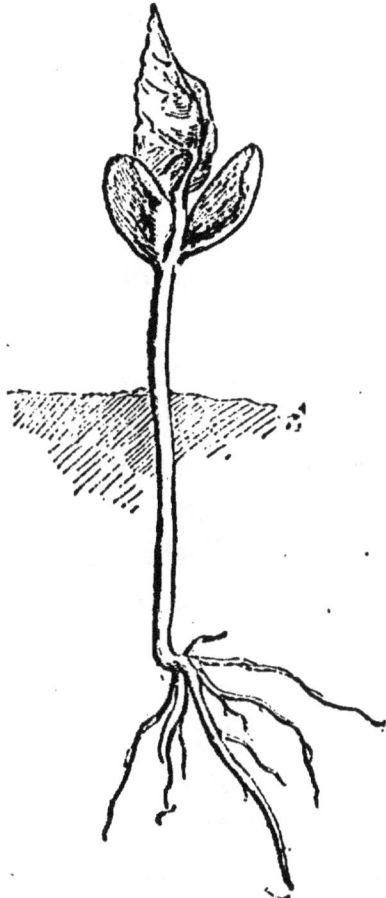

Germination du Haricot.

LES PLANTES ÉTRANGÈRES

79. Avant de quitter le règne végétal, laissez-moi
vous dire quelques mots de certaines plantes utiles ou
curieuses des pays étrangers.

Comme plante étrangère, nous connaissons déjà le

cotonnier, dont il a été question à l'occasion des plantes textiles. Nous citerons maintenant le *tabac*, qui, originaire d'Amérique, fut apporté en France par Nicot, et qui, par la consommation prodigieuse qu'on en fait, rapporte tant de millions aux gouvernements des pays d'Europe.

Disons un mot du *bambou*, qui est le végétal par excellence de la Chine. Des feuilles du bambou le Chinois fait des manteaux; du bambou lui-même il fait des chapeaux, du papier, des cannes, des statuettes, des lits, des matelas, des pipes, des ustensiles de cuisine, des meubles, des instruments aratoires, des toitures, des charpentes. Il en prépare même des mets. Le bambou est l'arbre national et la richesse des Chinois.

Dans tous les pays chauds, le *palmier*, si varié dans ses espèces, est l'arbre utile et bienfaisant par excellence. Le palmier donne à boire et à manger. — On trouve en Afrique un arbre de cette famille, appelé l'*arbre du voyageur*. Quand on perce à leur base ses feuilles longues et larges, il en sort aussitôt un liquide limpide et frais qui désaltère le voyageur.

Le palmier produit également un vin fortifiant, mais capiteux, qui remplace le vin de nos contrées.

Citons un autre arbre, l'*hya-hya*, qui est un arbre à lait comme d'autres sont des arbres à vin, à eau, à beurre. Ce végétal, que le naturaliste de Humboldt a surnommé l'*arbre-vache*, est un *figuier* du Vénézuéla, qui donne en abondance un lait gras et parfumé comparable au lait de la vache. L'*arbre à lait* est comme l'arbre sacré des contrées où il pousse; il en est la richesse et la merveille.

MAURICE.—Monsieur, n'y a-t-il pas aussi l'*arbre à pain*.

Le Palmier.

— Oui, mon ami. Dans certains pays chauds, comme les îles Mariannes et les Philippines, se trouve cet arbre curieux, dont les fruits bénis, aussi savoureux que substantiels, remplacent notre pain de froment. Son fruit, qui est rond, est enfermé dans une épaisse écorce d'un jaune éclatant; ce fruit précieux se fait cuire au four ou sous la cendre chaude, comme une châtaigne de nos pays.

Enfin, il y a *l'arbre à beurre*, qui croît dans l'Inde, et dont les graines renferment une substance analogue au beurre que nous préparons avec le lait de la vache.

Si nous passons en Afrique, nous trouvons *l'arbre à gomme*, qui produit la gomme arabique si recherchée dans le commerce. Les Arabes et les nègres du Sénégal se nourrissent avec volupté de cette substance rafraîchissante ; la gomme arabique est à la fois un aliment, un remède et une friandise.

N'oublions pas d'autres arbustes des pays chauds dont les produits célèbres nous sont parfaitement connus : *l'arbre à café* ou *caféier*, originaire de l'Arabie, et *l'arbre à thé*, qui vient de l'extrême Orient. Dans l'Amérique méridionale, se trouve un arbre célèbre et bienfaisant entre tous, le *quinquina*, dont l'écorce joue un si grand rôle dans la médecine; il y a aussi *l'hévé* de la Guyane, le *figuier élastique* et quelques autres plantes, dont on extrait sur une si vaste échelle la matière fameuse appelée *caoutchouc*.

Après avoir nommé simplement le *cocotier*, dont vous connaissez les délicieuses amandes; le *bananier*, qui produit des *bananes*, nourriture habituelle de nombreuses populations; le *dattier* d'Égypte, dont la

datte nourrissante et douce est la ressource des cara-
vanes, je citerai encore : le *poivrier*, qui donne le
poivre; le *vanillier*, qui produit la *vanille*; le *citronnier*
et l'*oranger*, qui viennent jusque dans le midi de la
France mêler leurs beaux fruits d'or à l'*olive* de la Pro
vence et du Lan-
guedoc.

Maintenant, il
nous suffit d'ajou-
ter que les plantes
ont leurs géants,
dont vous devez
au moins savoir
les noms. J'en ci-
terai deux : le
baobab et le se-
quoia. Le *baobab*
croît en Afrique;
son tronc dépasse
souvent trente mè-
tres de tour, et on
en a trouvé plu-
sieurs qui étaient
âgés de plus de

L'Olivier.

quatre mille ans. Les fruits du baobab, qui sont gros
comme des potirons, fournissent un aliment très estimé
des nègres. Mais le plus grand des arbres, c'est le
sequoia, espèce de pin immense, dont le tronc, droit
comme une colonne, s'élève à cent cinquante mètres.

Ce colosse se trouve en Californie, où il est, du reste, devenu très rare.

Questionnaire. — Quelles sont les différentes parties d'une plante? — Que renferme une graine? — Qu'entendez-vous par plante indigène? — plante exotique? — Citez quelques plantes exotiques utiles et curieuses. — Quels sont les géants de la végétation?

27ᵉ LEÇON

LE PAPIER

80. — Savez-vous, mes enfants, avec quoi se fabrique ce papier dont chacun de vous se sert journellement?

RAOUL. — J'ai entendu dire à ma mère qu'on le fabrique avec des chiffons; aussi vend-elle toutes les vieilles étoffes qui ne lui servent plus.

— C'est juste. Les chiffons sont employés à faire du papier. On commence par les nettoyer et les blanchir; ensuite, des machines spéciales les *effilochent*, travail qui consiste à défaire ce qu'a fait le tisserand, en transformant le tissu en une fine *charpie*; cette charpie est alors triturée dans l'eau et donne une véritable bouillie nommée *pâte à papier*.

Pendant longtemps le papier a été fabriqué exclusivement *à la cuve*, c'est-à-dire à la main, mais aujourd'hui on le fabrique de préférence à la mécanique. Le travail est bien plus rapide, tout en donnant un aussi bon résultat.

Nous allons décrire les deux méthodes, en commençant par la plus ancienne, qui exige seulement le concours de deux ouvriers.

Fabrication à la cuve

81. — Le premier ouvrier, appelé *ouvreur*, tient à la main un cadre ou *forme* garni d'une toile métallique; sur le rebord de ce cadre s'applique un second cadre nommé *frisquette*, non garni de toile, et dont la hauteur règle l'épaisseur du papier, comme sa longueur et sa largeur règlent la longueur et la largeur de la feuille.

Vos ardoises encadrées peuvent vous donner une idée de l'appareil complet. L'ardoise représente la toile métallique de la forme, et la partie du cadre formant le bord représente la frisquette.

L'*ouvreur* plonge la forme dans la pâte contenue dans une cuve, la place horizontalement, puis la retire, sans la changer de position. Le deuxième ouvrier, dit *coucheur*, reçoit la forme chargée de pâte, la fait égoutter et la renverse ensuite sur un morceau de drap nommé *feutre* ou *blanchet*.

Les ouvriers répètent l'opération jusqu'à ce qu'ils aient accumulé un certain nombre de feuilles entre les blanchets.

Les feuilles de papier, ainsi placées entre les feutres, sont alors mises sous presse pour être débarrassées d'une grande partie de l'eau qu'elles contiennent. On les sépare ensuite des blanchets pour les presser de nouveau, puis on les fait sécher à l'étuve. Elles sont enfin étendues sur des cordes ou des tringles de bois, dans un endroit bien clos. Le papier est fait.

Fabrication à la machine

82. — Nous connaissons la fabrication à la cuve; étudions maintenant le second système. Ici, la même machine, pour ainsi dire, fait tout le travail.

Quand la pâte est faite, elle tombe sur une toile métallique sans fin, qui la conduit entre de nombreux cylindres ou rouleaux. La pression des premiers cylindres débarrasse peu à peu la pâte de l'eau qu'elle contient; d'autres rouleaux, chauffés à l'intérieur, achèvent de la sécher. Lorsqu'elle arrive au bout de la machine, la pâte est transformée en une longue bande de papier qui s'enroule sur un tambour pour être ensuite découpée en feuilles.

Vous savez, mes enfants, que le papier de vos cahiers ne boit pas l'encre comme celui de vos buvards et de la plupart de vos livres: c'est parce que ce papier est *collé*. Il existe deux procédés d'*encollage*. Le premier consiste à enduire le papier d'une sorte de vernis composé d'alun et de gélatine; le second, à mélanger à la pâte une certaine quantité d'amidon et de résine. Voilà pour le papier ordinaire.

Quant aux autres papiers, la fabrication est à peu près la même; elle diffère seulement dans les détails.

Le papier, aujourd'hui, a acquis une telle importance et embrasse des usages si divers, qu'on a pu appeler notre époque *l'ère du papier*.

Avec le papier, en effet, on fabrique jusqu'à des tentures, des rideaux, des meubles, des bouteilles, des assiettes, des plastrons, des cols et des manchettes.

Les chiffons ont été pendant longtemps la seule matière employée dans la fabrication du papier; mais aujourd'hui on emploie la paille, les orties, une plante d'Algérie appelée *alfa*, et même le bois, que des machines fendent, broient et réduisent en *pâte à papier*.

Questionnaire. — Avec quoi fabrique-t-on le papier? — Quelles opérations fait-on subir aux chiffons pour obtenir la pâte à papier? — Combien connaissez-vous de modes de fabrication? — Parlez de la fabrication à la cuve; — à la machine. — En quoi consiste l'encollage? — Combien connaissez-vous de procédés d'encollage?

TROISIÈME PARTIE

LE RÈGNE MINÉRAL

28ᵉ LEÇON

L'EAU

Les trois états des corps

83. — Vous connaissez tous l'eau, mes enfants ; vous savez qu'elle se trouve en grande quantité dans la mer, les lacs, les rivières, les puits ; mais vous ne savez peut-être pas sous combien d'états elle peut exister.

Veuillez répondre, Paul. L'eau du puits est-elle liquide ou solide ?

Paul. — Elle est *liquide*.

— Très bien. Et la glace, comment est-elle, Albert ?

Albert. — Elle est *solide* ; c'est de l'eau gelée.

— Bien. Jacques, vous est-il arrivé de voir bouillir de l'eau ?

Jacques. — Oui, monsieur. Quand l'eau bout, il s'élève au-dessus une sorte de fumée semblable à un *nuage*. Mon père l'appelle de la vapeur.

— C'est très juste.

Jacques. — Un jour, il m'a fait placer une assiette

froide dans cette fumée et il s'est formé aussitôt sur l'assiette une quantité de petites gouttes d'eau.

— Mais, alors, qu'est-ce donc que ce nuage?

JACQUES. — Ce doit être de l'eau.

— C'en est, en effet; c'est de l'eau sous forme de vapeur ou de *gaz*, de l'eau à l'état gazeux. Voudriez-vous nous dire maintenant, Émile, sous combien d'états l'eau peut exister?

ÉMILE. — Trois: l'**état solide**, comme celui de la glace; l'**état liquide**, comme celui de l'eau des puits, des rivières et des étangs; l'**état gazeux**, tel que celui de la fumée s'échappant de la marmite qui bout.

— Parfaitement, mon ami; le froid fait que l'eau devient solide, et la chaleur, au contraire, la transforme en gaz.

De même que l'eau, bien des corps peuvent exister sous les trois états que nous venons d'indiquer. Ainsi, la graisse, en temps ordinaire, est solide. Chauffons-la, elle devient liquide; chauffons-la encore, elle s'élèvera bientôt en vapeur.

Les Nuages. La Pluie. La Neige. La Grêle

84. — L'eau, nous l'avons déjà dit, existe partout, dans les mers, les lacs, les rivières, etc.

Peu à peu, surtout en été, elle se convertit en vapeur, comme le fait l'eau de la marmite placée sur un bon feu; elle s'élève, en formant un **nuage**, d'abord invisible.

Si le nuage vient à se refroidir suffisamment, les fines gouttelettes de vapeur qui le composent se réunissent, se soudent ensemble pour former de plus grosses gouttes, qui finissent par tomber: c'est la **pluie**.

Si le froid est assez intense pour geler l'eau dans le nuage, on a de la **neige,** cette neige aux blancs flocons qui fait souvent votre joie en hiver.

Si, au contraire, elle ne gèle qu'en tombant, on a de la **grêle,** qui, malheureusement, détruit parfois nos récoltes.

Vous voyez par là, mes petits amis, que la vapeur d'eau, le nuage, la pluie, la neige, la grêle, la glace, sont une seule et même chose sous *trois états* différents : c'est toujours de l'eau.

L'AIR
L'air est un corps

85. — Si vous avez un verre rempli d'eau ou de vin et que vous en versiez le contenu, sera-t-il ensuite vide ou plein?

ADOLPHE. — Il sera vide.

— Oui, mon enfant, il sera vide du liquide; mais l'air le remplira entièrement. Il en serait de même d'une bouteille, ou de tout autre vase.

L'air est un corps; c'est un gaz, comme la vapeur d'eau. Il passe par la plus petite issue et n'est visible que sous une grande épaisseur. Dans un vase, dans une chambre même, il est invisible; mais quand vous regarpez au loin, les montagnes et les arbres vous paraissent bleus : c'est l'air placé entre vous et ces objets qui a cette couleur.

Le Vent

86. — Si vous soufflez légèrement la flamme d'une bougie, elle s'incline : c'est le fait de l'air. Si vous soufflez sur votre main, vous sentez quelque chose qui glisse dessus : c'est encore de l'air que vous avez mis en mouvement; c'est du **vent,** comme on dit d'ordinaire.

Le vent est donc de l'*air en mouvement.* Quand il est très fort, il prend le nom de *tempête*; il est alors capable de tout renverser.

L'air emprisonné et comprimé a une grande force. Cette force, vous l'avez souvent mise à contribution pour faire partir vos pistolets et vos canonnières. Vous savez que

L'air comprimé chasse la balle.

la balle part avant que la baguette ou piston soit complètement enfoncée.

LUCIEN. — Ah! oui, monsieur, je l'ai remarqué plusieurs fois.

— Eh bien! c'est l'air emprisonné et comprimé qui agit comme un ressort et chasse la balle. La même quantité de ce gaz occupe toujours tout l'espace qu'on lui donne; ce qui veut dire que ce corps est susceptible d'augmenter ou de diminuer de volume. Aussi dit-on que l'*air* est *élastique, compressible.*

Questionnaire. — Sous combien d'états peuvent exister les corps ? — Nommez ces trois états. — Comment se forme la pluie; — la neige; — la grêle? — L'air est-il solide, liquide ou gazeux? — Qu'est-ce que le vent ? — Que veut dire : l'air est élastique ?

LE FEU

87. — Quand nous avons froid, nous désirons naturellement nous chauffer; pour cela, que faut-il?

MAX. — Du **feu**.

— Très bien.

Qui de vous pourra me dire quelles matières on emploie pour avoir du feu?

GEORGES. — Du bois, du charbon.

— Fort bien; mais comment s'y prend-on pour allumer du feu?

ALEXANDRE. — Il suffit de frotter une allumette, qui
s'enflamme aussitôt, et de la présenter à certaines matières telles que du bois menu, de la paille, du papier,
lesquelles brûlent presque instantanément.

— Voilà bien, en effet, mes enfants, comment les
choses se passent de nos jours; mais autrefois les
hommes ne connaissaient pas les allumettes. Pour
obtenir du feu, ils étaient réduits à frotter très fort et
très longtemps l'un contre l'autre deux morceaux de
bois très sec. Cette opération devait être longue et
pénible; mais il n'y avait pas d'autre moyen de se
procurer du feu, à moins de frapper deux morceaux
de silex, c'est-à-dire deux cailloux, l'un contre
l'autre.

De quelque façon que nous nous procurions la chaleur, elle nous est d'un grand secours ; mieux encore, d'une nécessité absolue. C'est la chaleur qui cuit nos aliments, qui fait marcher les trains sur les chemins de fer, les bateaux à vapeur sur les fleuves et sur les mers, et qui met en mouvement tout un monde de machines. Mais où faisons-nous du feu pour notre usage quotidien ?

GUSTAVE. — Dans une cheminée, un poêle, ou un fourneau.

— Parfaitement. Parlons de la cheminée.

La cheminée et le poêle tirent

88. — Pour que le feu s'allume et que la combustion se fasse bien, la cheminée, ou le poêle, doit avoir un certain tirage. Afin de vous mieux faire comprendre ce qu'on entend par le mot *tirage*, nous allons faire une expérience avec un entonnoir. Renversons l'entonnoir de manière que le tube par où passe les liquides se trouve en haut, et que son bord repose sur trois pierres. Qu'est-ce que cela vous rappelle, mes amis ?

MATHIEU. — Une cheminée.

— C'est cela. Le tube représente assez bien, n'est-ce pas ? le conduit par lequel s'en va la fumée, ou encore le tuyau d'un poêle. D'ailleurs il existe un ustensile de ce genre servant aux cuisinières pour allumer leur fourneau. Maintenant, enflammons une allumette et plaçons-la dans notre cheminée avec un peu de papier : que se passe-t-il ?

MAURICE. — La fumée monte dans le tube et sort.

— Parfaitement. L'air qui entoure l'allumette est échauffé et rendu plus léger; il s'élève dans la cheminée et se trouve aussitôt remplacé par de l'air plus froid, qui s'échauffe à son tour, monte également, et ainsi de suite. Il s'établit alors un courant, et la cheminée *tire*.

Ce qui se produit ici en petit se produit en grand dans nos habitations. Pour que le feu *marche bien*, il lui faut de l'air en quantité, c'est-à-dire un tirage suffisant. Si nous bouchions la cheminée ou le tuyau du poêle, le feu s'éteindrait inévitablement.

Cheminée mobile.

En brûlant, le bois ou le charbon s'en va en partie dans l'air et devient invisible; il ne reste plus qu'un peu de cendre.

L'état d'un corps qui se dissipe ainsi en donnant de la chaleur et de la lumière se nomme *combustion*, et les corps qui brûlent s'appellent *combustibles*.

LE CHARBON DE TERRE

89. — Les combustibles se divisent en deux catégories, suivant qu'ils sont employés pour le *chauffage* ou
pour l'*éclairage*. En tête des premiers, nous citerons le
bois et le **charbon de terre**.

De quelle couleur est le charbon de terre?

MARCEL. — Il est noir.

— Où le trouve-t-on?

MARCEL. — Dans la terre.

— Parfaitement; voilà pourquoi on l'appelle *charbon
de terre*. Mais on le nomme aussi **houille**.

Des ouvriers, désignés sous le nom de *mineurs*, creusent dans la terre des trous profonds, des *mines*, pour
extraire la houille.

Si l'on exploite le charbon de terre à ciel ouvert, comme
la pierre de nos carrières, l'opération n'est pas difficile;
mais, en général, il faut l'aller chercher à de grandes
profondeurs, ce qui oblige les mineurs à creuser des
puits immenses.

A mesure qu'ils descendent dans la terre, les ouvriers
doivent mettre des pièces de bois contre les parois pour
empêcher les éboulements de se produire. Arrivés aux
couches de combustible, les mineurs percent de longues
galeries et en soutiennent le plafond à l'aide de gros
madriers. Ils laissent également, de place en place,
d'énormes piliers de houille, piliers naturels et plus
solides que tous autres.

Le Grisou

90. — Comme l'obscurité est complète dans ces galeries, les mineurs ont besoin de s'éclairer pour exécuter
leur travail souterrain : ils sont donc obligés d'allumer
des lampes, ce qui présente quelquefois, trop souvent
même, de grands dangers. Il arrive, en effet, qu'il se
dégage, dans les mines de charbon de terre, une quantité considérable d'un gaz nommé *grisou*, lequel gaz
prend feu au contact d'un corps enflammé.

Si le *grisou* est mélangé à l'air et s'enflamme, on a une
explosion : un bruit épouvantable se fait entendre dans
la mine, les murs s'ébranlent, la secousse se commu-
nique dans toutes les directions, les piliers s'affaissent,
les galeries s'écroulent en ensevelissant les ouvriers ;
quelquefois même ces malheureux sont enveloppés
par le grisou et brûlés par les flammes.

La terreur est dans toute la contrée. Les habitants
accourent à l'ouverture du puits, en se lamentant : les
femmes demandent leurs fils et leur mari, les enfants
réclament leur père ou leurs frères ; c'est un moment
d'affolement général.

Les hommes qui n'étaient pas descendus dans le
puits se mettent aussitôt à l'œuvre, pour renouveler
l'air suffocant de la mine et déblayer les galeries encom-
brées ; mais presque toujours, hélas ! le sort a fait des
victimes, des veuves et des orphelins. On ne trouve
le plus souvent que des cadavres ou brûlés ou broyés ;
et si quelques mineurs respirent encore, ce n'est que

pour souffrir quelques instants : l'agonie avant la mort. Le pays tout entier est plongé dans le deuil, et bien des familles se trouvent réduites à la misère.

Un chimiste anglais, nommé Davy, a inventé une lampe qui préserve de ces explosions terribles ; malgré cette précieuse invention, des accidents se produisent encore dans les mines, mais ils sont moins fréquents.

Honneur donc au savant qui a trouvé moyen de rendre plus rares ces horribles catastrophes ! Que d'existences a préservées cette petite lampe de Davy, qui, à des centaines de pieds sous terre, dans l'obscurité des mines, éclaire et protège le mineur, dont elle est la bonne étoile !

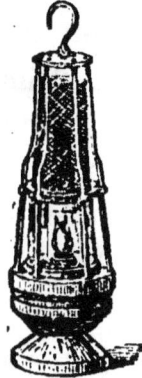

Lampe de Davy.

Questionnaire. — Pourquoi le feu est-il utile ? — Quelles matières employons-nous pour faire du feu ? — Comment allume-t-on du feu ? — Comment faisait-on avant de connaître les allumettes ? — Qu'entendez-vous par tirage de la cheminée ? — Qu'est-ce que la combustion ? — Qu'appelle-t-on combustibles ? — Comment divise-t-on les combustibles ? — Citez-en des deux catégories. — Parlez du charbon de terre ; — du grisou.

30ᵉ LEÇON

L'ÉCLAIRAGE

91. — Le jour, nous sommes éclairés par la brillante lumière du soleil ; la nuit, la lune nous envoie de temps à autre ses pâles rayons, qui ne suffisent pas à nous éclairer. Il faut y suppléer. De quoi nous servons-nous donc pour nous éclairer ?

ALBERT. — De chandelles, de bougies, de gaz.

— Ce sont là, en effet, mes amis, des combustibles employés pour l'éclairage ; autrefois, les hommes se servaient de torches, c'est-à-dire de branches de sapin fortement imprégnées de *résine.*

Les torches donnent beaucoup de fumée, répandent une mauvaise odeur, enfin éclairent mal ; elles ont été remplacées avec grand avantage par l'huile, la chandelle, la bougie et le gaz d'éclairage.

La Chandelle et la Bougie

92.—Les **chandelles** sont fabriquées avec du suif, lequel n'est autre chose que de la graisse de mouton ou de bœuf. Au milieu de chacune d'elles se trouve une mèche en coton, simplement tordue.

Il y a, pour la chandelle, deux modes de fabrication : le premier consiste à plonger la mèche dans le suif fondu jusqu'à ce que la chandelle soit arrivée à la grosseur voulue ; le second consiste à verser la matière fondue, c'est-à-dire le suif à l'état liquide, dans un

Moule à chandelles. moule, au milieu duquel se trouve la mèche. Le moule est choisi de longueur et de grosseur convenables, suivant la chandelle que l'on désire obtenir.

La **bougie** se fait à peu près de la même façon ; mais la mèche est tressée, en sorte qu'elle se consume entièrement sans qu'on ait la peine de la moucher.

Pendant longtemps on a fabriqué les bougies avec la cire des abeilles ; aujourd'hui cette substance est remplacée par la stéarine, extraite de corps gras, et qui coûte moins cher.

Le Pétrole. — L'Essence minérale

93. — On s'éclaire encore avec de l'*huile* extraite de la noix, de l'œillette, ou du colza, que l'on brûle dans des lampes ; mais on emploie de préférence aujourd'hui une huile qui se trouve dans la terre.

HENRI. — Ah ! oui, monsieur ; c'est le **pétrole**.

— Justement. Le pétrole est un liquide très abondant dans certaines régions des États-Unis d'Amérique, où il suffit de creuser un puits de quelques mètres de profondeur pour en avoir à volonté. Pour brûler le pétrole, il faut une lampe spéciale, mais fort simple.

En épurant le pétrole, on obtient l'**essence minérale**, qui est employée aux mêmes usages.

Le pétrole est d'un emploi assez dangereux, quand on ne prend pas les précautions voulues ; mais l'essence, qui s'enflamme très facilement, présente infiniment plus de dangers. Aussi les enfants ne doivent-ils jamais y toucher, et les grandes personnes doivent-elles user de beaucoup de prudence en s'en servant. C'est ainsi qu'il ne faut jamais verser l'essence dans une lampe à proximité de la lumière du feu, d'une lampe ou d'une bougie. Il existe même une loi qui défend aux marchands de servir de l'essence à leurs clients pendant la nuit.

Le Gaz d'éclairage. Sa fabrication

94. — Jules pourrait-il me dire comment on éclaire aujourd'hui les grandes villes ?

JULES. — Oui, monsieur ; on les éclaire au gaz.

— C'est bien. L'*éclairage au gaz* a le grand avantage d'être propre, commode et économique.

A votre tour, Maurice. Dites-nous d'où vient le **gaz** d'éclairage.

MAURICE. — Le gaz s'extrait de la houille.

— C'est cela même. Pour obtenir le gaz, on distille la houille, c'est-à-dire qu'on la chauffe fortement dans des vases solides et bien fermés, nommés *cornues*.

Puisque vous aimez beaucoup les expériences, nous allons fabriquer ensemble du gaz d'éclairage. Nous mettrons des fragments de houille dans une pipe en terre, et nous achèverons de remplir la pipe avec de l'argile ou terre glaise que nous tasserons bien.

Plaçons maintenant cette pipe sur un fourneau allumé : que voyez-vous sortir par le tuyau ?

MAURICE. — Rien ; mais on sent une fort mauvaise odeur.

— Eh bien ! cette mauvaise odeur est due au gaz qui se dégage de la houille et qui s'échappe par le tuyau de la pipe.

Présentons une allumette enflammée à l'extrémité de ce tuyau.

EUGÈNE. — C'est bien curieux, ça prend feu !

— Oui, le gaz brûle au fur et à mesure qu'il sort. Voilà en petit la fabrication du gaz d'éclairage.

A l'*usine à gaz*, c'est-à-dire dans le vaste établissement où ce précieux combustible se fabrique en grand, on met la houille dans des cornues, que l'on ferme hermétiquement d'une plaque en fonte, pour empêcher le gaz de s'échapper.

Qu'arrive-t-il? Sous l'action de la chaleur le gaz se dégage de la houille et s'échappe par un tuyau ; il passe par un long chemin dans divers appareils *d'épuration* et se rend dans

Cornue à gaz.

une grande cuve à moitié remplie d'eau. Dans cette cuve plonge une énorme cloche en fonte qui peut monter et descendre, suivant la pression intérieure du gaz. Par son propre poids, cette cloche, appelée *gazomètre*, chasse le gaz dans les tuyaux, qui le conduisent à travers toute la ville jusqu'aux endroits où il doit être consommé.

Pour se servir de ce gaz, il suffit d'ouvrir un robinet ; il en sort, comme tout à l'heure il s'échappait du tuyau de pipe. C'est alors, à sa sortie, qu'on peut l'allumer.

Il est même indispensable de l'allumer aussitôt que le robinet est ouvert; autrement, le gaz se mélangerait à l'air, avec lequel il formerait un mélange détonant qui pourrait occasionner des accidents semblables à ceux du grisou. L'emploi du gaz d'éclairage présente de grands dangers si l'on n'agit avec prudence ; aussi les enfants doivent-ils s'abstenir de toucher aux becs de gaz.

Maurice. — Je connais maintenant la houille et le gaz qui en est extrait ; mais est-ce que le *coke* est la même chose que le charbon de terre ?

— Le coke, mon enfant, c'est tout simplement du charbon de terre qui a servi à la fabrication du gaz et qui en contient encore assez pour brûler facilement.

Jules. — Est-ce que le coke donne autant de chaleur que le charbon de terre ?

— Non, évidemment ; comme il a perdu une grande partie de son gaz, il brûle avec moins de flamme, moins de fumée et moins d'odeur que le charbon de terre, mais aussi avec moins de chaleur.

Questionnaire. — De quoi nous servons-nous pour nous éclairer ? — De quoi se servait-on autrefois ? — Quelles matières emploie-t-on pour fabriquer la chandelle ? — D'où vient le suif ? — Qu'est-ce que le coton ? — Comment fait-on la chandelle ? — Avec quoi fait-on la bougie ? — En quoi la mèche de la bougie diffère-t-elle de la mèche de la chandelle ? — Quelles sortes d'huiles connaissez-vous ? — Comment éclaire-t-on les grandes villes ? — D'où retire-t-on le gaz d'éclairage ? — Dites tout ce que vous savez de sa fabrication. — Qu'est-ce que le coke ?

31ᵉ LEÇON

LES PIERRES

95. — Vous seriez peu embarrassés, sans doute, pour me donner une réponse si je vous demandais ce que nous employons le plus pour élever les murs de nos maisons.

Alphonse. — Nous employons des pierres.

— Parfaitement. Les pierres ne se ressemblent pas toutes; on peut les diviser en deux catégories très faciles à distinguer l'une de l'autre.

Ainsi, prenons deux pierres, un morceau de *marbre* et un *caillou*. Versez une goutte de vinaigre sur le marbre: que se passe-t-il, Martin?

MARTIN. — On dirait que le vinaigre bout.

— En effet, il se produit un *bouillonnement*; on appelle cela *faire effervescence*. Versez maintenant du vinaigre sur l'autre pierre, sur le caillou...

— Bien; y a-t-il aussi effervescence?

MARTIN. — Non, monsieur.

— Alors, ces deux pierres sont différentes l'une de l'autre. Maintenant, essayez de rayer le marbre avec la pointe d'un couteau: le pouvez-vous?

MARTIN. — Assurément, monsieur.

— Essayez maintenant de rayer le caillou.

MARTIN. — C'est impossible.

— Cela nous suffit. La pierre qui fait effervescence avec le vinaigre et qui peut être rayée avec la pointe du couteau est **calcaire**; l'autre est **siliceuse**.

Presque toutes les pierres se rangent dans l'une ou dans l'autre de ces deux grandes catégories. Ainsi, la *craie* avec laquelle nous écrivons sur le tableau, la *pierre blanche* à bâtir, le *marbre* sont des pierres calcaires; et le *silex* ou pierre à fusil, le *quartz*, l'*agate*, le *jaspe* sont des pierres siliceuses.

Nos maisons sont en pierre

96. — Lorsqu'on veut bâtir une maison, il est indispensable de bien choisir les matériaux, surtout les pierres qui entrent dans la construction des murs.

Les pierres siliceuses sont très dures, difficiles à tailler, car elles éclatent sous le choc du marteau ; aussi les emploie-t-on rarement, sauf dans les constructions sous l'eau, pour les piles de ponts, par exemple.

Parmi les calcaires il en est de très tendres, comme la craie, dont il vaut mieux ne pas se servir ; d'autres sont durs et résistants, et ce sont les plus avantageux, car ils se taillent avec assez de facilité et se détériorent peu. Certains calcaires valent même le silex.

Qui me dira où l'on trouve les pierres ?

EUGÈNE. — Dans la terre.

— Oui. Des ouvriers *carriers* creusent dans la terre de vastes trous, nommés *carrières*, d'où ils tirent les pierres. Presque partout on en trouve de petites et de grosses : les grosses sont dites *pierres de taille*, parce qu'on les taille pour faire les angles et les façades des maisons ; les petites pierres sont des moellons, dont on fait les murs ordinaires. Quand les blocs de pierre sont énormes, on les débite à l'aide d'une grande scie spéciale, pourvue ou non de dents.

Le Mortier. — La Maçonnerie

97. — En construisant les murs de nos maisons, les **maçons** ne se bornent pas à placer les pierres les unes sur les autres, car ils savent bien qu'un pareil travail ne serait pas durable: ils les joignent entre elles avec du **mortier**.

MANUEL. — J'ai vu faire du mortier, moi.

— Eh bien, dites-nous comment on s'y prend.

MANUEL. —Pour faire le mortier, on dépose sur le sol un tas de sable, que l'on creuse au milieu pour y mettre des morceaux de *chaux*, sur laquelle on verse de l'eau. Une fumée s'élève aussitôt comme d'une chaudière d'eau bouillante. La chaux augmente de volume, se fendille, puis finit par former une sorte de bouillie blanche.

— C'est exact. Si l'on touchait à cette chaux pendant que la fumée se produit, on se brûlerait.

ANDRÉ. — Pourtant il n'y a pas de feu !

— C'est très vrai, mais l'eau et la chaux produisent en se combinant une forte chaleur.

Tout à l'heure, avant de verser de l'eau dessus, nous avions de la chaux *vive*; maintenant nous avons de la chaux *éteinte*. De temps en temps on jette de l'eau sur le tout en mélangeant peu à peu, avec une pelle à long manche, la *chaux*, le *sable* et l'*eau*. Ce mélange, bien remué, constitue le mortier, qui servira à joindre les pierres entre elles.

Questionnaire. — Qu'employons-nous le plus pour construire les murs de nos maisons ? — En combien de grandes catégories peut-on diviser la plupart des pierres ? — Comment distinguez-vous les pierres calcaires des pierres siliceuses ? — Qu'est-ce qu'une carrière ? — Avec quoi joint-on entre elles les pierres d'un mur ? — Avec quoi et comment fait-on le mortier ?

LA CHAUX. — LE FOUR A CHAUX

98. — La **chaux** provient d'un calcaire, dit *pierre à chaux*, que l'on fait cuire dans un four spécial appelé *four à chaux*.

Voici comment on procède : on commence par établir une voûte avec les plus gros morceaux de pierre, sur lesquels on jette ensuite les petits, en ayant soin de mettre alternativement une couche de pierre et une couche de houille jusqu'au haut du four.

Quand le four est rempli de la sorte, on allume le feu au-dessous de la voûte;

Four à chaux.

la pierre cuit. Lorsque la pierre est cuite, on démolit la voûte, et on retire les morceaux de chaux par l'ouverture ménagée au bas du four. C'est la *chaux vive*.

Nous avons déjà dit comment on l'éteint.

ANTOINE. — Oui, monsieur, on jette de l'eau dessus.

— Parfaitement.

LE GYPSE. — LE PLATRE

99. — Il nous reste à parler d'une pierre qui ne rentre dans aucune des catégories que nous avons éta-

SCIENCES PHYSIQUES ET NATURELLES

blies plus haut, c'est-à-dire qui n'est ni calcaire ni siliceuse. En voici, par exemple, un morceau. Que Victor verse dessus une goutte de vinaigre: fait-elle effervescence?

VICTOR. — Non, monsieur.

— Pouvez-vous la rayer avec le couteau?

VICTOR. — Oui, monsieur.

— Et avec l'ongle?

VICTOR. — Également.

— Cette pierre, vous le voyez, n'est pas calcaire, puisqu'elle ne fait pas effervescence; ni siliceuse, puisqu'on peut la rayer avec le couteau et même avec l'ongle : c'est le **gypse** ou *pierre à plâtre,* avec laquelle on fabrique une poussière blanche semblable à de la farine, appelée **plâtre.**

Pour obtenir le plâtre, il suffit de cuire le gypse, comme on cuit la pierre à chaux, mais en chauffant moins fort. Le plâtre cuit est écrasé dans un moulin spécial et réduit en poussière. Il sert alors à enduire les plafonds et les murs de nos maisons ou bien encore à joindre les briques de nos cloisons.

Pour employer le plâtre, il faut le *gâcher*, opération qui consiste à le délayer dans l'eau. On doit en gâcher très peu à la fois; encore est-il indispensable de l'employer immédiatement après cette opération, autrement le plâtre durcirait et l'on ne pourrait plus s'en servir. Le plâtre gâché se durcit presque instantanément; on dit, en terme de métier, qu'il *fait prise.*

De même que la chaux, le plâtre est encore employé

en agriculture, comme amendement. Vers le mois d'avril, on le répand en poudre sur certaines plantes, comme le trèfle, la luzerne, le sainfoin, dont il active la végétation. C'est un Américain, le célèbre Franklin, qui le premier a eu l'idée de l'appliquer à cet usage.

Eugène, le plâtre n'a-t-il pas d'autres applications?

EUGÈNE. — Oui, monsieur; il sert aussi à faire des statues.

— C'est bien. On prend alors du plâtre fin provenant de belles pierres cristallisées et semblables à du verre.

Pour mouler une statue, on verse le plâtre tout gâché dans le moule; la pâte, presque liquide d'abord, se solidifie, augmente de volume et pénètre ainsi dans les moindres creux du moule : elle en reproduit donc tous les détails avec une très grande fidélité. On ouvre ensuite le moule pour retirer la statue.

L'ARGILE

LA BRIQUE. — LA TUILE

100. — Qui de vous, mes enfants, connaît les briques?

JULES. — Moi, monsieur. Une brique ressemble au dictionnaire de mon frère, quant à la forme.

— Oui, c'est à peu près cela. Pensez-vous que les briques se trouvent toutes faites dans la terre?

ANTOINE. — Je pense qu'il suffit de les tailler.

— Vous êtes dans l'erreur, mon enfant; les briques ne sont pas un produit naturel. On les fabrique avec une terre grasse nommée **argile**.

ANTOINE. — Il me semble n'avoir jamais vu d'argile.

— Vous la connaissez certainement, sous le nom vulgaire de *terre glaise*. On la reconnaît aux caractères suivants : elle est douce au toucher et se polit facilement à l'ongle ; de plus, délayée dans l'eau, elle donne une pâte facile à travailler ; aussi dit-on que l'argile *fait pâte* avec l'eau.

HENRI. — N'est-ce pas l'argile, monsieur, qui colle à la langue lorsqu'on l'applique dessus ?

— Oui, mon ami ; on dit qu'elle *happe à la langue*.

Les *briquetiers* se servent de moules pour fabriquer les **briques**. Celles-ci sont ensuite séchées à l'air, puis cuites au four. L'établissement où on les fabrique s'appelle une *briqueterie*.

De même que les pierres, les briques servent à la confection des murs extérieurs et des cloisons qui séparent les différentes pièces de nos appartements. On relie les briques les unes aux autres avec du mortier, du plâtre gâché ou du ciment.

MAX. — Monsieur, qu'est-ce que cela peut bien être, le ciment ?

— C'est un mélange de chaux et de brique pilée. Pour l'employer on le gâche comme le plâtre.

— Sauriez-vous me dire, mes amis, ce que l'on fabrique encore avec l'argile, outre les briques ?

MARCEL. — Des **tuiles**. J'ai vu la fabrique de mon oncle, c'est-à-dire sa *tuilerie*.

— Fort bien. Les tuiles se font de la même manière que les briques. On leur donne la forme que l'on veut ; les tuiles, en effet, sont, les unes courbes, les autres plates. Elles servent à couvrir nos maisons pour empêcher la pluie d'y pénétrer.

Autrefois, les toits étaient en *paille* ou *chaume*, et ces couvertures étaient fort dangereuses à cause du feu ; elles étaient, en outre, moins propres, moins élégantes et moins durables que la tuile.

LES ARDOISES

101. — Pour couvrir les maisons, on emploie aussi des feuilles d'*ardoise* semblables à celles dont vous vous servez pour écrire.

L'ardoise est une sorte de pierre argileuse. On l'extrait en blocs, puis on la débite en lames plus ou moins épaisses, selon l'usage auquel elle est destinée.

Les carrières d'ardoise se nomment *ardoisières*. Les plus célèbres de la France sont celles d'Angers, des Ardennes et des environs de Cherbourg.

Dans les édifices et les belles maisons des villes on emploie toujours l'ardoise de préférence à la tuile. L'ardoise sert encore à faire des dessus de table, des tableaux noirs pour les écoles.

L'ardoise artificielle ou factice, qui est en usage aujourd'hui dans les écoles parce qu'elle a l'avantage de n'être pas fragile, est toute différente de la véritable ardoise ; elle est formée généralement d'une feuille de carton recouverte d'une pâte préparée avec de l'argile et de la colle forte.

Questionnaire. — D'où provient la chaux ? — Qu'est-ce que la chaux vive ? — la chaux éteinte ? — Comment peut-on reconnaître la pierre à plâtre ? — Que fait-on du plâtre ? — Qu'est-ce que l'argile ? — A quoi sert-elle ? — Parlez-nous des briques et des tuiles. — Que savez-vous de l'ardoise ? — Où trouve-t-on des ardoises en France ?

33ᵉ LEÇON

LA POTERIE

102. — L'argile ou glaise, dont nous avons déjà eu l'occasion de parler, ne sert pas seulement à faire des tuiles et des briques; on l'emploie aussi à la fabrication des pote- ries, mais on choisit alors une terre plus fine que pour les tuiles et les briques.

Jules. — Comment fabrique-t-on la poterie?

— L'ouvrier, nommé *potier*, délaye cette terre avec de l'eau pour en faire une pâte qu'il met

Le Potier à son tour.

en boules. Chacune de ces boules sera transformée en un pot, une assiette, une tasse ou tout autre objet de ce genre.

Le potier façonne ses vases avec une machine bien simple, appelée *tour à potier*, composée de deux rondelles de bois, dont chacune est fixée à l'extrémité d'un axe, également en bois. Il fait *tourner* l'instrument en pressant du pied la rondelle inférieure ; il façonne la pâte à sa guise, lui donne la forme qu'elle doit prendre. Le travail se fait d'abord à la main, puis on termine les pots à l'aide d'instruments spéciaux. On les laisse sécher légèrement avant de les mettre cuire au four.

Pour que la poterie ne se laisse pas traverser par les liquides qu'elle doit contenir, on la recouvre presque toujours d'un vernis, et l'on a ainsi des poteries *vernissées*.

MANUEL.— Est-ce ainsi que l'on fait les pots à fleurs ?

— Oui, mais les pots à fleurs sont généralement peu cuits et sans vernis.

LA FAÏENCE ET LA PORCELAINE

103. — Les assiettes, les plats, les saladiers, en un mot tout ce que l'on désigne ordinairement sous le nom de *poterie fine*, sont de deux sortes. La première sorte, qui ne se laisse pas traverser par la lumière, est nommée **faïence** ; elle est fabriquée avec de l'argile un peu moins grossière que celle de la poterie commune. La seconde sorte, qui se laisse traverser par la lumière, est faite avec une argile très pure et très blanche, nommée *kaolin;* c'est la **porcelaine**.

La porcelaine et la faïence se façonnent à peu près

comme la poterie ordinaire et se cuisent dans des fours
appelés *fours à faïence* ou *à porcelaine*.

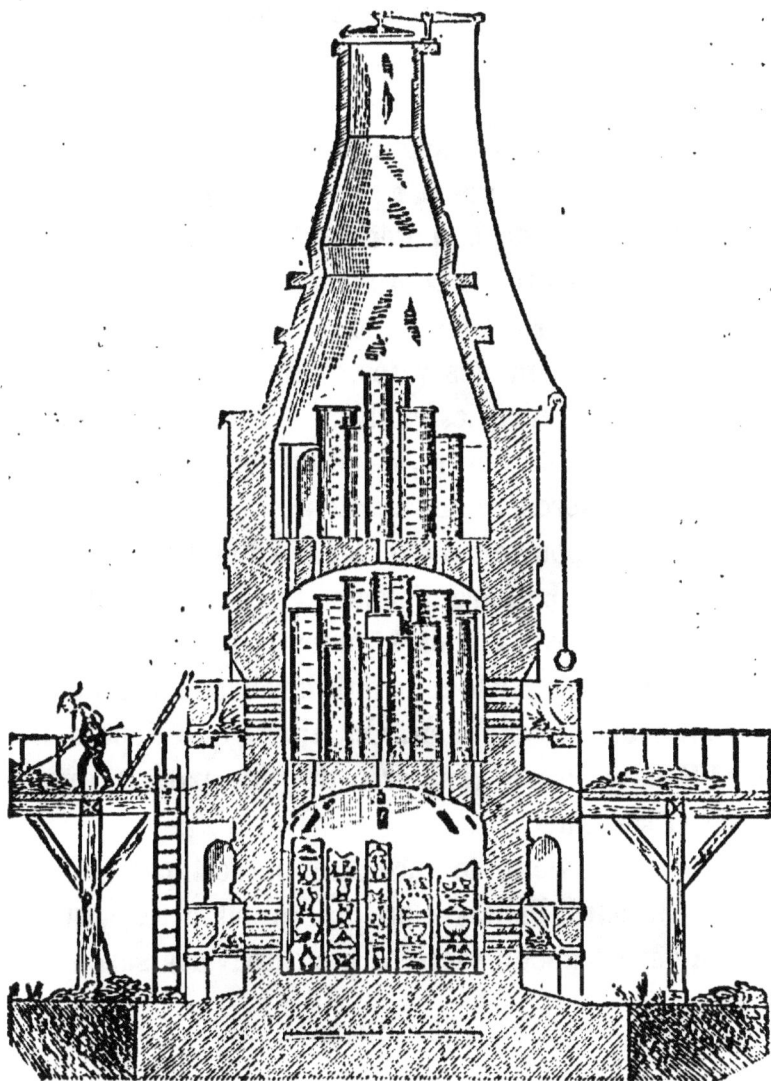

Four à porcelaine.

Le vernis de la faïence est opaque, afin de cacher l'argile, au lieu que celui de la porcelaine est transparent.

La faïence commune se fabrique surtout à Paris, Rouen, Nevers; la faïence fine, à Choisy-le-Roi, à Creil, à Montereau, à Gien, à Bordeaux; la porcelaine se fabrique à Sèvres, qui est aux portes mêmes de Paris, et à Limoges.

A l'étranger, les porcelaines de Saxe, de la Chine et du Japon sont célèbres par leur finesse et leur beauté.

La fabrication de la poterie, de la faïence et de la porcelaine constitue la *céramique*.

L'art du potier est très ancien. Les Grecs et les Romains fabriquaient des vases d'une forme élégante et d'un travail exquis. Les vieilles faïences de Marseille et de Strasbourg, de Nevers, de Moustier, de Rouen, etc. sont très recherchées des amateurs.

— Antoine pourrait-il citer le nom d'un potier illustre?

ANTOINE. — Bernard Palissy. J'ai lu dans un almanach que ce savant était si pauvre qu'il manquait de bois pour alimenter le four qui devait cuire sa poterie; alors il brûla ses meubles. On ajoute que depuis Bernard Palissy on n'a rien créé de plus parfait que ses vases et ses plats.

— Ce que vient de dire Antoine est parfaitement juste; Bernard Palissy était un grand artiste qui ne recula devant aucun sacrifice pour arriver à son but.

LE VERRE

104. — GUSTAVE. — Est-ce que le **verre** se fabrique comme la poterie?

— Non, mon ami; c'est un genre de travail tout autre.

Selon l'espèce de verre que l'on veut obtenir, on emploie différentes matières, dont les principales sont : du sable, de la chaux, de la potasse ou de la soude. On les fait fondre dans des vases en terre nommés *creusets*.

La potasse et la soude sont blanches et s'extraient des cendres de certaines plantes.

Quand on veut avoir du *verre à bouteilles*, coloré comme celui des bouteilles ordinaires, les ouvriers emploient du sable coloré par de la rouille de fer.

Pour obtenir le *verre à vitres*, comme celui des carreaux de nos fenêtres, des globes de pendules et de la *gobeletterie* ordinaire, on prend du sable blanc.

Le *verre à glaces* a la même composition que le verre à vitres ; seulement la chaux y est en plus petite quantité.

Antoine. — Et le cristal, monsieur, est-ce aussi du verre ?

— Sans doute ; mais le cristal contient un peu de plomb.

Que le verre soit blanc ou coloré, le travail est toujours le même : les creusets, remplis des matières nécessaires, sont disposés dans un four spécial ; sous l'action d'un feu ardent, le mélange fond et donne une pâte qui est le verre à l'état liquide.

Le Soufflage du verre

105. — Sans nul doute, vous avez vu le frère de Lucien s'amuser à faire des bulles de savon. Comment s'y prend-il ?

Lucien. — Il râcle un peu de savon dans de l'eau et

remue le mélange avec un petit bâton, jusqu'à ce qu'il se produise une écume abondante. Il prend alors une goutte du liquide au bout d'un tuyau de paille et souffle à l'autre bout ; il se forme une toute petite boule, qui grossit à mesure que l'on souffle et se détache du tuyau quand elle est assez grosse.

— C'est cela. Eh bien, les **verriers** font exacte-

Souffleurs de verre.

ment la même chose; mais au lieu d'être un amusement, leur besogne est un rude travail.

Les verriers se servent d'une **canne**, long tuyau en

fer, dont l'une des extrémités se nomme *nez*. L'ouvrier trempe le nez de la canne dans le verre fondu, en retire une petite boule rouge comme du feu et se met aussitôt à souffler vivement par l'autre bout de la canne. Qu'arrive-t-il ? L'air, pénétrant dans la boule, la transforme en une bourse de verre nommée *manchon*, à laquelle l'ouvrier donne une forme déterminée.

Le soufflage terminé, une bouteille est à moitié faite. Mais aujourd'hui, pour faire

Le manchon fendu et étendu : la Vitre.

une bouteille, on introduit la boule de verre dans un moule, qui lui donne sa forme.

S'il veut avoir une vitre, l'ouvrier fend le manchon dans le sens de la longueur et l'étend ensuite sur une table. Le procédé est le même pour les miroirs de petites dimensions; toutefois les grandes glaces s'obtiennent en coulant le verre sur une table horizontale bien dressée; on les polit ensuite et on les étame.

Le travail du verrier est très pénible, mais il est d'une grande utilité. Sans le verre nous serions privés de la lumière du soleil dans nos maisons, à moins de laisser nos fenêtres ouvertes, ce qui serait assez désagréable pendant les temps froids de l'hiver.

Questionnaire. — Qu'emploie-t-on pour faire des poteries ? — Comment fait-on la poterie ? — Parlez de la faïence ; — de la porcelaine. — Quelles sont les matières qui entrent dans la composition du verre ? — Comment fait-on le verre ? — Parlez du soufflage du verre.

LES MÉTAUX USUELS

106. — Vous connaissez, mes amis, le fer et le cuivre; de quelle couleur sont ces matières?

Désiré. — Le fer est gris, et le cuivre est rouge.

— Très bien. Savez-vous à quelle classe de minéraux ils appartiennent?

— Oui, monsieur; ce sont des **métaux.**

— Parfaitement. Les métaux sont nombreux; mais quelques-uns seulement nous sont particulièrement utiles. Les plus usuels sont : le fer, le cuivre, l'or, l'argent, le plomb, l'étain et le zinc.

Les outils d'autrefois

107. — Le fer est assurément le plus utile de tous les métaux, car il sert à faire la plupart de nos outils; sans lui les hommes seraient bien misérables, aussi misérables qu'à l'époque où, ne le connaissant pas, on fabriquait des haches et des couteaux avec des silex.

Nous serions en vérité bien embarrassés si nous n'avions que des outils de cette nature. Comment s'y prendrait le menuisier pour faire les tables de l'école, les meubles et les parquets de nos maisons? Comment s'y prendrait le maçon pour élever des murs, et le charpentier pour établir les toits de nos demeures?

Je ne vous étonnerai pas en vous disant que, avant la découverte du fer, l'homme, au lieu de bâtir des maisons, des bourgs et des cités, habitait des grottes creusées avec effort dans le rocher. Il ne cultivait pas la terre, et se nourrissait de plantes et de la chair des animaux sauvages, auxquels il faisait une guerre acharnée et pénible avec des engins imparfaits.

Voici comment se fabriquaient ces outils à cette époque lointaine qu'on appelle l'*âge de pierre*. On prenait deux morceaux de silex, un de la main droite, un de la main gauche. Le premier servait de marteau, et à l'aide de ce marteau on frappait le second

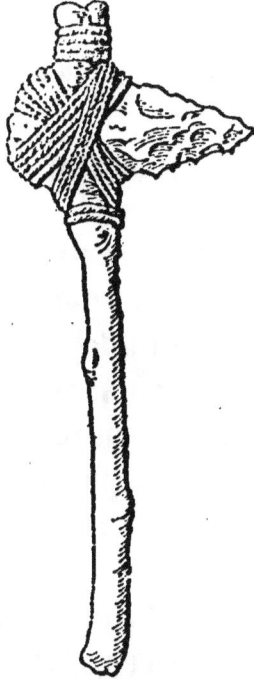

Hache en silex.

Couteau en silex.

morceau pour en détacher un éclat, qui devenait un couteau, une pointe de flèche, une hache, suivant sa forme ou sa grosseur.

Ces outils, c'était toute la ressource de l'homme primitif; avec ces instruments il devait tout faire, se défendre et attaquer, chasser les animaux féroces, couper les arbres, etc.

Jugez maintenant de la misère dans laquelle nous

serions, mes enfants, si nous n'avions pas le fer, et
si, comme les hommes des premiers âges, nous de-
vions nous servir d'un morceau de silex, non seulement pour attaquer un fauve ou saper un arbre, mais
encore pour couper notre pain et notre viande, et
débiter le bois que nous employons dans nos demeures!

LE MINERAI. — LA MINE

108. — Où se trouve le fer, Gaston?

GASTON. — Dans la terre.

— S'y trouve-t-il tel que nous l'employons?

ALFRED. — Non, monsieur; il fait partie de certaines
roches, généralement rougeâtres, nommées **minerai**.

— Fort bien. La plupart des autres métaux se trouvent également à l'état de minerai, d'où l'on est obligé
de les extraire; il y a donc des minerais de fer, de
cuivre, de plomb, etc., que l'on tire presque tous de
grandes carrières appelées **mines.**

Les ouvriers *mineurs* détachent les blocs au moyen
du pic, puis les chargent sur de petits wagons que l'on
roule hors de la mine.

La mine se trouve parfois à de grandes profondeurs;
les ouvriers creusent alors un puits par lequel on mon-
tera le minerai dans de grands seaux ou *bennes*, attachés
à une longue corde qui s'enroule sur un treuil. C'est par
ce puits que les ouvriers descendent dans la mine et en
remontent.

Le Haut fourneau

109. — Le minerai de fer est *traité* dans un énorme four appelé **haut fourneau,** espèce de tour plus large au milieu qu'à ses extrémités. A la partie supérieure se trouve une large ouverture ; c'est le *gueu-*

Haut fourneau.

lard, par lequel on introduit le minerai et le combustible nécessaire pour le faire fondre. On met d'abord une couche de charbon de terre ou de coke, puis une couche de minerai, et ainsi de suite.

Une fois le four rempli, on allume le feu et on l'ac-

9

tivé au moyen de puissantes machines qui envoient de l'air et qu'on appelle *machines soufflantes*. Le minerai se réduit, le métal fond et tombe goutte à goutte ou à grands jets dans la partie inférieure du haut fourneau, c'est-à-dire dans le *creuset*.

LA FONTE

110. — La matière réunie dans le creuset n'est pas du fer pur, mais une combinaison de fer et de charbon : de la **fonte**. Celle-ci sort par une ouverture particulière et coule dans des rigoles pratiquées dans du sable étendu sur le sol.

La fonte est employée à faire certains objets tels que : les balcons, les poêles, les gros tuyaux pour la conduite de l'eau et du gaz sous terre.

Si l'on veut employer la fonte à la fabrication d'objets plus délicats, comme des candélabres, par exemple, il faut la fondre à nouveau.

La fonte est très cassante ; aussi ne peut-elle être forgée comme le fer.

LE FER

111. — Pour transformer la fonte en **fer**, il suffit de la débarrasser de son charbon ; on arrive à ce résultat en faisant passer dans la masse fondue un puissant courant d'air qui brûle le charbon : cette opération s'effectue dans un *fourneau d'affinage*.

On place ensuite la masse encore toute rouge sur une grosse enclume, où elle est frappée à coups redoublés

par un marteau énorme appelé *marteau-pilon* : c'est
le *battage*.

Ce marteau est une masse de fer d'un poids considérable, qu'une machine fait monter et descendre avec
une régularité précise et continue. Le plus lourd de
ces marteaux-pilons battant la fonte destinée à devenir
du fer est celui de l'usine du Creuzot, dans le département de Saône-et-Loire. Quant à l'*enclume*, c'est aussi
un formidable bloc de fer qui repose sur le sol.

Le fer est plus solide et plus facile à travailler que la
fonte ; non seulement il peut être forgé, mais d'habiles
ouvriers le façonnent et en font une foule d'objets de
serrurerie d'un travail remarquable.

L'ACIER

112. — Les outils tels que les haches, les ciseaux,
les couteaux, les socs de charrue, qui doivent agir par
leur dureté, sont en *acier*.

AUGUSTE. — Qu'est-ce que l'**acier** ?

— C'est tout simplement du fer dans lequel entre
une petite quantité de charbon.

ALPHONSE. — La fonte et l'acier sont donc le même
métal ?

— Pas tout à fait. Ces deux matières renferment les
mêmes éléments, mais associés dans des proportions
différentes : la fonte renferme plus de charbon que
l'acier.

Pour que l'acier ait encore plus de dureté, on le
trempe. Cette opération est très simple : après avoir forte-

ment chauffé l'acier, on le refroidit brusquement en le plongeant dans l'eau froide pendant qu'il est encore tout rouge. La trempe, rendant l'acier élastique et dur, lui donne les deux qualités qui distinguent ce métal.

Questionnaire. — Nommez les métaux que vous connaissez. — Quels sont les plus employés ? — Quels outils avaient les hommes autrefois ? — Qu'appelle-t-on minerai ? — mines ? — Parlez de l'extraction du fer. — Comment traite-t-on le minerai pour en retirer le fer ? — Parlez du haut fourneau. — Parlez de la fonte ; — de l'acier. — Quelles sont les qualités de l'acier ? — En quoi consiste la trempe de l'acier ?

<hr>

35ᵉ LEÇON

LA ROUILLE DES MÉTAUX

113. — Vous connaissez tous ce qu'on appelle la **rouille**, n'est-ce pas, mes petits amis ?

Paul. — Oui, monsieur ; c'est une poussière rouge qui se forme à la surface du fer quand il reste exposé à l'humidité. La rouille ronge le fer. Dernièrement j'avais perdu mon couteau dans le jardin ; quand je le retrouvai il était tout rouillé, et la lame était criblée de petits trous.

— C'est bien cela. Savez-vous, maintenant, le moyen d'empêcher la rouille de se former ?

Justin. — Oui, monsieur. Vous nous l'avez expliqué dernièrement, quand on a recouvert la grille de la cour d'une couche de peinture.

— Très bien. La peinture préserve le métal, en l'isolant de l'air humide et de la pluie, dont le contact produit la rouille.

Il existe d'autres moyens de préserver le fer de la rouille. Le procédé qu'on emploie pour les fils télégraphiques est également très bon. Il consiste à recouvrir les fils d'un autre métal qui ne se rouille pas ou plutôt que la rouille ne peut détériorer. Ce métal préservateur, c'est le zinc.

Le fer ainsi recouvert d'une couche de zinc se nomme *fer galvanisé*.

L'Étamage

114. — Un grand nombre de casseroles sont en fer, et par conséquent susceptibles de se rouiller, ce qu'il faut empêcher, car autrement elles ne seraient jamais propres. Les recouvrirons-nous d'une couche de peinture, comme la grille de la cour? Non, mais d'une mince couche d'étain. Nous aurons alors du *fer étamé* ou *fer-blanc*.

L'étain s'usant vite, on doit recourir de temps à autre à l'**étamage**. Ce travail consiste à étendre de l'étain fondu sur la casserole à l'aide d'un tampon d'étoupe ; pour que l'opération réussisse bien, l'objet à étamer doit être à la fois très propre et chaud.

L'ouvrier qui étame les ustensiles de cuisine se nomme *étameur*.

On fait avec le fer-blanc non seulement des casseroles, mais une foule d'autres objets, tels que boîtes au lait, seaux, plats, couverts, arrosoirs, etc.

LE CUIVRE

115. — Dites-moi, François, de quelle couleur est
le **cuivre**.

François. — Il est rouge.

— Bien. Savez-vous ce qu'on fait avec ce métal ?

François. — Des ustensiles de cuisine : casseroles et
chaudrons.

— Parfaitement ; c'est bien là, avec le doublage des
navires, le principal emploi du cuivre.

Parlons d'abord de la fabrication des casseroles et des
chaudrons. C'est un travail fort curieux. On prend un
bloc de cuivre venant du fourneau de fusion. A l'aide d'un
énorme marteau, appelé *martinet*, mis en mouvement
par l'eau ou la vapeur, ce bloc de cuivre est frappé à
coups redoublés. Il s'amincit peu à peu sous le choc,
plusieurs fois répété, du martinet qui le frappe sur une
enclume, et il finit par se creuser en un bassin informe.

Un *chaudronnier* continue l'opération en frappant,
toujours sur une enclume, cette ébauche de bassin, à
petits coups de marteau soigneusement étudiés, jusqu'à
ce que le bloc de cuivre ait acquis la forme voulue.

Alfred. — C'est pour cela, sans doute, qu'on entend
le chaudronnier frapper du matin au soir dans son
atelier ?

— Oui, mon ami. Pour achever la casserole ou le
chaudron, on se sert d'un maillet en bois. De cette
manière les coups sont moins apparents sur le cuivre
et l'ustensile est plus beau, plus uni.

Les casseroles et les chaudrons en cuivre sont d'une belle couleur rouge; mais ils doivent être l'objet de soins tout particuliers, car ce métal a l'inconvénient, surtout au contact de matières acides, telles que le vinaigre, de se couvrir d'une rouille verdâtre, appelée *vert-de-gris*. Vous savez que le vert-de-gris est un poison?

Auguste. — Oui, monsieur. J'ai lu qu'un petit garçon a été empoisonné en mangeant de la soupe que sa sœur avait laissée refroidir dans une casserole en cuivre.

— Le fait est possible, mon petit ami. Pour prévenir tout danger, il est donc indispensable de recourir à l'étamage des ustensiles en cuivre.

Le *doublage* des navires consiste à recouvrir de cuivre la partie plongée dans l'eau. Cette précaution a pour but de préserver le bois de l'attaque d'un mollusque marin, appelé *taret*, qui perce le bois des navires pour s'y loger.

Le Cuivre jaune ou Laiton

116. — Une foule d'objets, tels que chandeliers, robinets, clairons, boutons de porte, sont également en cuivre.

Maurice. — Ils sont pourtant jaunes et non rouges.

— C'est que le cuivre, dans ce cas, n'est pas seul; il est allié à une petite quantité de zinc. Cet alliage constitue le **laiton**, que l'on obtient en fondant les deux métaux ensemble.

Le laiton, vulgairement appelé *cuivre jaune* à cause de sa couleur, est un métal assez résistant.

Comme le cuivre rouge, il a l'inconvénient de se couvrir de vert-de-gris si l'on n'a la précaution de le nettoyer avec soin.

Le Bronze

117. — Si, au lieu d'allier le cuivre au zinc, comme pour le laiton, on fond le cuivre avec de l'étain, on obtient le **bronze**, avec lequel on fabrique des statues, des fontaines, des médailles, des cloches, des pendules et quantité d'autres objets.

Autrefois, avant de connaître le fer, les hommes fabriquaient des outils en bronze, mais ces outils étaient loin d'avoir la résistance du fer ou de l'acier.

Ajoutons qu'il existe plusieurs variétés de bronze, suivant l'usage auquel est destiné ce métal; c'est ainsi que le bronze des cloches n'est pas le même que celui des statues.

Questionnaire. — Qu'est-ce que la rouille ? — Comment préserve-t-on le fer de la rouille ? — Quel procédé emploie-t-on pour préserver les fils télégraphiques ? — et pour les casseroles en fer ? — Qu'appelez-vous fer-blanc ? — Quelle est la couleur du cuivre ? — Citez des objets en cuivre. — Comment fait-on les casseroles et les chaudrons ? — Quel nom donne-t-on à la rouille de cuivre ? — Le vert-de-gris est-il dangereux ? — Qu'est-ce que le laiton ? — quelle est sa couleur ? — Citez des objets en laiton. — Qu'est-ce que le bronze ? — Quels objets en bronze connaissez-vous ?

36ᵉ LEÇON

LE PLOMB

118. — Le **plomb** est un métal lourd ; vous pouvez vous en assurer en le soupesant. Il pèse cependant beaucoup moins que l'or, qui, après le *platine*, est le plus lourd des métaux connus.

Le plomb est tellement mou, qu'on peut facilement le tordre à la main et le rayer à l'ongle. Bien que ce métal soit un violent poison, on l'emploie à faire des tuyaux pour conduire l'eau à sa destination ; mais on a soin de les laisser préalablement se couvrir d'une mince couche de rouille, qui est sans danger, surtout au contact de l'eau ordinaire. Le plomb sert encore à fabriquer des balles de fusil et des grains dits *plomb de chasse.*

LE ZINC

119. — Le **zinc** est un métal assez léger ; il se rouille peu, et d'ailleurs sa rouille le préserve plutôt qu'elle ne le ronge. Aussi l'emploie-t-on à de nombreux usages, et c'est ainsi qu'on en fait des baignoires, des seaux, des arrosoirs, des gouttières pour recevoir l'eau des toits, et des toitures même, qui sont très légères. Enfin, ce métal, dont la couleur tire sur le bleu, remplace avantageusement le fer-blanc.

L'ÉTAIN

120. — Nous avons déjà vu que l'**étain** s'oxyde peu ; aussi est-il employé à la fabrication de certains vases

pour mesurer les liquides tels que le vin, l'eau-de-vie,
ainsi qu'à la fabrication des cuillères, des fourchettes,
des timbales, enfin des feuilles qui servent à envelopper
le chocolat.

Lucien. — Je croyais que ces feuilles étaient en
plomb....

— Non, fort heureusement; car le plomb communi-
querait au chocolat ses propriétés nuisibles.

Bien que l'étain serve à étamer les casseroles de fer
et de cuivre, il est impossible de fabriquer des casseroles d'étain pur, attendu que ce métal fond trop aisément.

L'étain se travaille avec une grande facilité. Jadis on
trouvait dans les fermes et les châteaux des services de
table entièrement en étain, d'une grande élégance et d'un
travail habile.

Ces divers objets, plats, assiettes, écuelles, ont
aujourd'hui place dans les musées ou dans les collec-
tions d'amateurs, qui attachent beaucoup de prix à ces
curiosités métalliques d'une autre époque.

L'OR ET L'ARGENT

121. — Quelles sont les couleurs de l'**or** et de l'**argent**?

Charles. — L'or est jaune, l'argent est blanc.

— C'est bien. On dit souvent que ces deux métaux
sont les plus précieux de tous; ils ont plus de prix que
les autres parce qu'ils sont relativement rares et qu'ils
ne s'altèrent pas à la température ordinaire. Mais il

s'en faut de beaucoup qu'ils soient les plus utiles ; pour l'utilité, le fer et le cuivre occupent le premier rang.

L'or se trouve généralement à l'état natif dans les sables.

MAX. — Qu'est-ce que cela peut bien être, de l'or natif ?

— C'est de l'or qui se trouve dans la terre sous la forme métallique, c'est-à-dire à l'état de pureté.

L'argent et le cuivre se rencontrent aussi quelquefois à l'état natif. L'argent est, le plus souvent, associé à d'autres métaux ; le minerai de plomb, par exemple, en renferme parfois une assez grande quantité.

L'or et l'argent s'allient avec le cuivre, qui leur donne de la résistance, de la dureté. Cet alliage sert à fabriquer des objets de grand prix, comme des bagues, des bracelets, des montres, des cafetières, etc., et une partie de notre monnaie.

La Monnaie

122. — Quand vous achetez un jouet, un chapeau, un livre, que donnez-vous en échange ?

MAURICE. — De la **monnaie** : des sous, des pièces d'argent ou d'or.

— Très bien ; mais sachez qu'autrefois on n'avait ni pièces ni sous, la monnaie était inconnue, et il était assez difficile de s'entendre sur le prix des objets marchandés. Supposez, mes enfants, qu'il en soit de même aujourd'hui. Le pêcheur dirait au boulanger : combien me demandez-vous de poissons pour ce pain ? Le boulanger en demanderait un, ou deux, ou trois, suivant la valeur respective du pain et des poissons.

Qu'arriverait-il ? que tous les habitants du village viendraient demander du pain au boulanger en lui offrant en échange les objets les plus divers.

De temps à autre, par exemple, le cordonnier donnerait une paire de souliers au boulanger, au boucher, à l'épicier, enfin à ses autres fournisseurs. Et de la sorte au bout de l'année, l'épicier, le boucher, le boulanger se trouveraient à la tête d'un petit magasin de chaussures dont ils seraient, j'imagine, assez embarrassés.

Vous me direz qu'à leur tour, ils pourraient offrir ces souliers encombrants au charcutier, qui leur vend bien des choses; mais le cordonnier qui, lui aussi, aurait eu besoin de lard, de graisse et de viande, lui aurait fourni déjà bon nombre de souliers. Le charcutier ne pourrait donc recevoir toutes ces chaussures en échange de sa marchandise.

Il en serait ainsi pour chaque chose, et le commerce, on le comprend, serait très difficile, sinon impossible; chacun serait fort embarrassé dans ses transactions.

Pour obvier à cet inconvénient, les hommes ont pensé qu'il serait bon d'avoir une marchandise particulière qui pût être acceptée sans aucune difficulté par tout le monde; aussi ont-ils inventé la *monnaie*, qui est cette marchandise particulière.

Pour faciliter davantage les échanges, on a dû fabriquer des pièces de valeurs diverses, d'une forme et d'un poids déterminés.

JULES. — Nous avons trois sortes de pièces, n'est-ce pas, monsieur : les pièces d'or, celles d'argent et celles de bronze?

— Oui, mon ami. Les pièces d'or françaises sont aujourd'hui de 100, de 50, de 20, de 10 et de 5 francs.

Celles d'argent sont de 5 francs, de 2 francs, de 1 franc, de 50 et de 20 centimes.

Celles de bronze sont de 10, de 5, de 2 centimes et d'un centime.

La monnaie d'or, à poids égal, a quinze fois et demie plus de valeur que la monnaie d'argent, qui elle-même en a vingt fois plus que la monnaie de bronze.

Le bronze ayant l'inconvénient de se couvrir de vert-de-gris, il a été question en France d'employer le *nickel* pour remplacer le bronze des pièces de cinq et de dix centimes. Des monnaies de ce métal existent depuis longtemps en d'autres pays.

Le *nickel* est un métal blanc qui, comme l'or, l'argent et le platine, a l'avantage de ne point se rouiller.

Questionnaire. — Dites tout ce que vous savez du plomb. — Le zinc est-il utile? — Qu'est-ce qui le rend précieux? — Que fait-on avec le zinc? — Parlez de l'étain. — Quelles sont les couleurs de l'or et de l'argent? — A quoi servent ces deux métaux?— Les emploie-t-on de nos jours? — Qu'est-ce que la monnaie? — Combien avons-nous de sortes de pièces? — Quelles sont les pièces françaises : en or? — en argent? — en bronze? — Parlez du nickel.

LE SEL

Le **sel**, vous le savez, mes amis, est une matière minérale, une sorte de pierre d'une saveur particulière et très prononcée. Il est abondamment répandu dans la nature.

On l'extrait soit des eaux de la mer et des sources salées, soit de la terre, d'où on le retire en blocs, comme la pierre à bâtir.

Mettez dans une assiette de l'eau douce, c'est-à-dire de l'eau non salée provenant directement de la pluie, ou du puits, ou de la fontaine ; jetez-y une poignée de sel. Au bout d'un instant, le sel ne sera plus visible ; il sera dissous dans l'eau et lui aura communiqué sa saveur. Cette eau sera salée comme celle de la mer.

Voulez-vous maintenant recueillir le sel que vous lui avez ajouté ? Mettez votre eau salée sur le feu, ou exposez-la simplement aux rayons d'un soleil ardent, si c'est en été ; au bout d'un certain temps, l'eau aura disparu ; elle se sera évaporée ; seul, le sel restera dans l'assiette.

Sel marin. Ce que vous avez fait en petit se pratique en grand au bord de la mer pour extraire le sel des eaux marines. Votre assiette est remplacée par des bassins peu profonds, séparés les uns des autres par des petits murs ou marchepieds, et dans lesquels on fait arriver l'eau de la mer pour la laisser ensuite s'évaporer.

L'eau de la mer arrive dans un premier bassin plus profond que les autres et nommé *vasière*.

Devenue claire, l'eau est ensuite envoyée dans les bassins, où elle s'évapore sous l'action des rayons du soleil : sur l'aire du bassin reste le sel, que l'on recueille avec un instrument spécial.

L'endroit où l'on extrait le sel des eaux de la mer se nomme *marais salants*. En France il y en a sur le bord de l'Océan et de la Méditerranée.

Sel gemme. Le sel que l'on retire de la terre sous forme de pierre se nomme *sel gemme* ou en pierre.

Si ce sel était pur, on n'aurait qu'à broyer la pierre ; mais presque partout il est mélangé d'autres matières dont il faut le débarrasser ; ce qui se fait par divers procédés, et toujours il faut faire fondre le sel dans l'eau pour l'en retirer ensuite.

Le sel gemme est généralement plus blanc que le sel marin, et les principales mines desquelles on le retire sont celles de Wieliczka en Pologne. La France en possède également quelques-unes, situées pour la plupart dans le Nord-Est.

Le sel est indispensable à notre alimentation. Il est aussi fort goûté des animaux, et c'est un excellent amendement pour certains terrains qui n'en contiennent pas assez.

Questionnaire. — Qu'est-ce que le sel ? — Où le trouve-t-on ? — Comment s'extrait le sel marin ? — Citez des marais salants. — Comment s'extrait le sel gemme ? — Citez des mines de sel.

REVUE GÉNÉRALE

123. — Nous avons terminé nos *leçons de choses*. Mais avant de nous séparer, il est bon, mes chers amis, que nous fassions une revue de ce que nous avons étudié.

Laissez-moi donc vous rappeler les choses que nous avons vues dans ces leçons.

Je vais vous conduire sur la terrasse du château d'Épanvilliers, que nous apercevons d'ici. De là, vous allez découvrir des champs couverts de récoltes florissantes, des maisons, des hameaux, des usines, des moulins ; puis, à l'horizon, une ville. Tout cela est l'œuvre de l'*homme,* que son intelligence et sa raison élèvent si haut au-dessus des autres êtres, dont il s'est constitué le maître.

A chaque pas que nous allons faire, dans ce voyage autour d'un château, nous nous trouverons en face des *trois règnes de la nature.* Voyons les *animaux.* Ce chien dans sa niche, ce chat qui vient avec une souris à la bouche, ce cheval que l'on conduit à l'abreuvoir, cette chèvre que l'on trait devant l'étable sont, comme vous le savez, des *animaux domestiques,* des *mammifères utiles.*

Ce chien, qui ronge un os devant la cuisine, est de l'ordre des *carnivores,* et ces moutons, ces bœufs, ces vaches, qui paissent dans les prés, sont des *herbivores*.

Mais qu'entends-je? les fifres et les trombones, que couvre un bruit de grosse caisse, retentissent dans les rues du village : c'est la ménagerie qui fait sa parade et que nous visiterons ce soir. Là, nous verrons les *grands carnassiers* des pays chauds, le lion d'Afrique, le tigre d'Asie, le jaguar d'Amérique; l'ours de Sibérie, des panthères, des léopards. Nous verrons aussi des serpents monstrueux, tels que le boa, et des serpents venimeux, tels que la vipère indienne et le serpent à sonnettes. En fait de *reptiles*, on annonce aussi des crocodiles, lézards énormes des bords du Nil.

Ce n'est pas tout : on nous montrera également un dromadaire d'Afrique et un chameau d'Asie, ces animaux si utiles à l'homme, et d'autres herbivores encore, comme l'éléphant, si prodigieux par sa masse, si curieux avec sa trompe et si remarquable par sa rare intelligence. On nous fera voir aussi des *singes* d'Afrique et d'Amérique dont les plus curieux représentants sont le monstrueux gorille du Gabon, le chimpanzé d'Afrique et l'orang-outang de Bornéo.

En attendant cette agréable et instructive soirée, dirigeons nos pas vers la basse-cour. Voici des *oiseaux domestiques*: la poule, l'oie, le canard, le dindon, le pigeon qui roucoule sur le toit, et le paon au beau plumage, qui fait la roue. Sous la feuillée chantent des oiseaux qui ne sont point domestiques, mais qui n'en sont pas moins pour l'homme des animaux utiles, par les nombreux services qu'ils rendent à l'agriculture en dévorant des milliers d'*insectes nuisibles*.

Un chasseur passe, un fusil sur l'épaule et sa gibecière bondée de perdreaux et de lapins ; il emporte du *gibier*. Un pêcheur vient faire ses offres, un grand panier sous le bras. Là, se trouve le produit de la *pêche* : des carpes et des goujons, *poissons d'eau douce* ; des soles et des merlans, *poissons d'eau salée* ou *de mer*. Dans ce panier se trouvent aussi des moules, c'est-à-dire des *mollusques* ; des crevettes et des homards, c'est-à-dire des *crustacés*.

Arrive ensuite un marchand d'articles de toilette. Ces peignes d'écaille nous rappellent la tortue, et ces éponges, les *animaux-plantes* ou *zoophytes*. Ces boutons de nacre vous feront songer à la matière de ce nom que l'huître sécrète.

Regardons ces *insectes* qui courent dans les allées du jardin. Ce sont des fourmis, qui, vous le savez, se bâtissent avec une industrie admirable de merveilleuses demeures. Ici, la bienfaisante coccinelle ou bête à bon Dieu ; là, le carabe doré, qui fait la police du jardin ; le puceron, qui épuise les plantes ; le terrible hanneton, qui ronge les pousses tendres ; enfin, tout au bout du jardin, la précieuse abeille, qui bourdonne autour de sa ruche, où nous recueillerons de la cire et du miel.

A côté des insectes se voit l'araignée, qui suspend dans l'air ses rosaces féeriques.

Vous le voyez, mes enfants, en un instant, nous venons de parcourir le *règne animal*.

Autour de nous, des plantes, des arbres, c'est-à-dire des *végétaux*. D'un côté, les *arbres fruitiers* qui sont dans le verger : le poirier, le cerisier, le pommier, etc.; là-haut, sur la colline, les *arbres forestiers* : le chêne, le hêtre, le charme. Dans la prairie, des saules, des peupliers, des arbres de toute espèce, qui nous servent, les uns à faire du feu, les autres à faire des meubles, des constructions diverses. Dans ces allées, des *fleurs* aux doux parfums, et vous savez, mes enfants, qu'il en est de ces plantes comme des animaux : les unes sont *utiles*, les autres *nuisibles;* vous savez qu'il en est d'*industrielles* et de *médicinales;* que les unes produisent la matière de tissus précieux et que les autres apportent la guérison aux malades.

Sans quitter le banc où nous sommes assis, nous avons fait en quelque sorte le tour du *monde végétal.* Mais voici la *serre*, qui renferme des plantes *exotiques*, c'est-à-dire venues des pays lointains. Là se trouvent : le palmier, au beau feuillage; le bananier; des fougères arborescentes, qui ont vingt pieds de haut. Ici vous voyez : le dattier, qui produit la datte; le cocotier, qui donne une amande suave; l'arbre à gomme et l'arbre à pain.

Tournons maintenant nos regards vers ce pavillon que l'on construit. Voici un tas de *briques* et de *tuiles* qui, nous le savons, sont de l'*argile* ou *terre glaise* qu'on a fait cuire au four. Dans le sable bouillonne une matière blanchâtre qui est de la chaux et qui, refroidie, fera du

mortier pour joindre les briques entre elles. Là, de larges
pierres régulièrement taillées : ce sont les pierres de taille
qu'on emploiera pour les angles du pavillon ; puis
de petites pierres, des *moellons*, destinés aux murs
ordinaires.

Au même instant, on apporte une grille ; nous savons
qu'elle est en fer, ce roi des *métaux* qu'on extrait du
minerai de fer, et qu'on la recouvre de *peinture* pour
empêcher la *rouille* qui détériore ce métal.

D'autres ouvriers apportent des vitres pour les châssis,
et aussitôt nous nous rappelons la fabrication du
verre, sa composition, son *soufflage*, ses préparations
diverses.

Au bas du jardin, le long de la route, on pose des
fils télégraphiques recouverts d'une mince enveloppe de
zinc qui les préservera de la rouille.

Le dos ployé sous un sac de charbon, le charbonnier
fait son entrée dans la cuisine ; son fardeau, qu'il
dépose auprès des fourneaux, nous rappelle la houille
et le charbon de bois ; l'extraction de l'une, la fabrication de l'autre nous conduisent à la fois dans les mines
et dans les forêts. Nous assistons aux pénibles travaux
du mineur, que menace à chaque instant l'explosion
de ce gaz terrible, le *grisou*, et que protège la lampe
de Davy.

Voyez-vous, maintenant, la femme de chambre en
train de vendre un sac de chiffons ? C'est là, sans doute,
une pauvre marchandise ; mais ce chiffon, réduit en
pâte et travaillé habilement dans des appareils spé-

ciaux, se transformera en *papier*, sur lequel vous écrirez vos devoirs et sur lequel l'homme fixera sa pensée!

Ces grains de plomb qui viennent de tomber de la gibecière du garde-chasse nous rappellent les caractères d'imprimerie et l'usage de ce lourd métal.

Mais, pendant que nous causons, le jour baisse, la nuit arrive et la lumière se fait comme par enchantement dans le château. On vient d'allumer le *gaz*, qu'on extrait, comme vous le savez, de la houille ou charbon de terre, qu'on prépare dans une usine spéciale et que de longs tuyaux conduisent aux endroits où il doit être consommé.

Nous venons, sans quitter la terrasse du château, de parcourir rapidement les trois règnes de la nature, que nous avions étudiés en détail dans les précédentes *leçons de choses*. Nous allons nous quitter, mes enfants, car la nuit est venue.

Il vous reste à repasser dans votre mémoire, à fixer dans votre esprit, enfin à retenir les choses que vous venez d'apprendre.

Questionnaire. — En combien de règnes se divisent toutes les choses de la nature? — Citez ces trois règnes. — Comment divisez-vous les animaux? — Qu'appelle-t-on gibier? — Comment avons-nous divisé les poissons? — Citez des mollusques; — des crustacés; — des zoophytes. — Citez quelques animaux étrangers; — des insectes. — Comment avons-nous divisé les insectes? — Comment divise-t-on les plantes? — Citez quelques plantes exotiques. — Nommez des matériaux de construction; — des métaux. — Parlez du verre; — de la céramique. — Nommez des combustibles. — Avec quelles matières fait-on le papier; — le gaz?

TABLE DES MATIÈRES

Paris. — Imp. LAROUSSE, rue Montparnasse, 17.

www.ingramcontent.com/pod-product-compliance
Lightning Source LLC
Chambersburg PA
CBHW070512200326
41519CB00013B/2788